排污许可证申请与核发工作100问

银小兵　刘文士　王　辉　等 编著

中国环境出版社·北京

图书在版编目（CIP）数据

排污许可证申请与核发工作100问/银小兵等编著. —北京：中国环境出版社，2017.11

ISBN 978-7-5111-3371-7

Ⅰ. ①排…　Ⅱ. ①银…　Ⅲ. ①造纸工业—排污许可证—许可证制度—中国—问题解答②火力发电—排污许可证—许可证制度—中国—问题解答 Ⅳ. ①X973②X773③X-652

中国版本图书馆CIP数据核字（2017）第249326号

出 版 人　王新程
责任编辑　李兰兰
责任校对　尹　芳
封面设计　宋　瑞

更多信息，请关注
中国环境出版社
第一分社

出版发行　中国环境出版社
（100062　北京市东城区广渠门内大街16号）
网　　址：http://www.cesp.com.cn
电子邮箱：bjgl@cesp.com.cn
联系电话：010-67112765（编辑管理部）
010-67112735（第一分社）
发行热线：010-67125803，010-67113405（传真）
印　　刷　北京市联华印刷厂
经　　销　各地新华书店
版　　次　2017年11月第1版
印　　次　2017年11月第1次印刷
开　　本　787×960　1/16
印　　张　8
字　　数　150千字
定　　价　25.00元

《排污许可证申请与核发工作100问》

编著委员会

主　编：银小兵　刘文士（西南石油大学）

副主编：王　辉（乐山市环境保护局）　胡金燕

编　委：

四川天宇石油环保安全技术咨询服务有限公司：

赵　靓　易畅　吴懈　林科君

乐山市环境保护局：杨　可

犍为县环境保护局：黄　萍

内江市环境保护局：张　良

遂宁市环境保护局：桂卓兮

凉山州环境保护局：田真鸽

广安市环境保护局：房　婷

眉山市环境保护局：冷　静

成都市环境监测中心站：彭　圆

前　言

我国开始实施控制污染物排污许可制以来，先后发布了《国务院办公厅关于印发控制污染物排放许可制实施方案的通知》（国办发〔2016〕81号）、《排污许可证管理暂行规定》（环水体〔2016〕186号）、《关于开展火电、造纸行业和京津冀试点城市高架源排污许可证管理工作的通知》（环水体〔2016〕189号）、《固定污染源排污许可分类管理名录（2017年版）》（环境保护部令第45号）、《关于做好钢铁、水泥行业排污许可证管理工作的通知》（环办规财〔2017〕68号）等规定和通知，明确了国家排污许可制改革的目标任务。2017年6月底，完成火电、造纸行业企业排污许可证申请与核发工作，依证开展环境监管执法；京津冀重点区域大气污染传输通道上“1+2”重点城市（北京市、保定市、廊坊市）完成钢铁、水泥高架源排污许可证申请与核发试点工作。2017年12月底，完成钢铁、水泥、平板玻璃、石化、有色金属、焦化、氮肥、印染、原料药制造、制革、电镀、农药、农副食品加工，共13个重点行业企业排污许可证申请与核发工作。到2020年，完成覆盖所有固定污染源的排污许可证核发工作，实现系统化、科学化、法治化、精细化、信息化的“一证式”管理。

截至2017年6月30日，第一轮排污许可证的核发已经基本完成，全国共发放5 000余张排污许可证。在造纸和火电行业国家排污许可制改革试点期间，本书作者在微信公众号“排污许可咨询管家”每日一问栏目中连续发布了150余期排污许可相关问题，很好地指导了排污单位填报与核发机关核发，受到公众的欢迎和喜爱。

本书应公众要求和建议，对微信公众号“排污许可咨询管家”每日一问栏目内容按国家排污许可申请子系统填报顺序分类整理出100问，以期能指导造纸、火电、钢铁、水泥、平板玻璃、石化、有色金属、焦化、氮肥、印染、原料药制造、制革、电镀、农药、农副食品加工等重点行业排污许可证申请与核发工作，为排污单位和核发机关提供参考。

本书由银小兵、刘文士、王辉、胡金燕创意策划、确定提纲并最终统稿。参与编写的人员分工如下：

第一章：银小兵、刘文士、王辉、杨可、黄萍；

第二章、第三章、第四章、第五章：王辉、银小兵、刘文士、张良、冷静；

第六章、第七章、第八章、第九章：银小兵、刘文士、杨可、黄萍、房婷、赵靓；

第十章、第十一章：银小兵、刘文士、吴懈；

第十二章：彭圆、银小兵、刘文士、桂卓兮；

第十三章、第十四章：银小兵、刘文士、胡金燕；

第十五章：银小兵、刘文士、林科君、易畅；

第十六章：银小兵、刘文士、胡金燕、田真鸽。

乐山市环境保护局对书稿提出了宝贵意见，犍为县环境保护局、内江市环境保护局、遂宁市环境保护局、凉山州环境保护局、广安市环境保护局、眉山市环境保护局为本书的编写提供了大力帮助，西南石油大学研究生曾豪杰为本书的校稿提供了大力帮助。本书在出版过程中，得到中国环境出版社及有关专家学者的大力支持，在此一并表示感谢！

由于作者的水平与能力有限，错误在所难免，敬请广大读者批评指正。

银小兵

目 录

第一章
排污许可制法律、法规与规章等相关问题

1.《环境保护法》对排污许可有哪些规定?

《中华人民共和国环境保护法》(自2015年1月1日起施行)是实行固定污染源排污许可制的重要法律依据之一,全文合计2条(第四十五条、第六十三条)共5处直接规定了“排污许可”。

第四十五条 国家依照法律规定实行排污许可管理制度。

实行排污许可管理的企业事业单位和其他生产经营者应当按照排污许可证的要求排放污染物;未取得排污许可证的,不得排放污染物。

第六十三条 企业事业单位和其他生产经营者有下列行为之一,尚不构成犯罪的,除依照有关法律法规规定予以处罚外,由县级以上人民政府环境保护主管部门或者其他有关部门将案件移送公安机关,对其直接负责的主管人员和其他直接责任人员,处十日以上十五日以下拘留;情节较轻的,处五日以上十日以下拘留:

(一)建设项目未依法进行环境影响评价,被责令停止建设,拒不执行的;

(二)违反法律规定,未取得排污许可证排放污染物,被责令停止排污,拒不执行的;

(三)通过暗管、渗井、渗坑、灌注或者篡改、伪造监测数据,或者不正常运行防治污染设施等逃避监管的方式违法排放污染物的;

(四)生产、使用国家明令禁止生产、使用的农药,被责令改正,拒不改正的。

在美国，当前对于企业恶意的环境违法行为，企业主最高可以被判刑十年，而以前只有一年。没有哪家企业的管理者愿意在监狱里呆哪怕是一天，十年的有期徒刑是非常大的威慑。

2.《大气污染防治法》对排污许可有哪些规定？

《中华人民共和国大气污染防治法》（自2016年1月1日起施行）是实行固定污染源排污许可制的重要法律依据之一，全文合计有3条（第十九条、第九十九条、第一百二十三条）共5处直接规定了“排污许可”，同时第二十四条、第二十五条、第二十六条、第一百条与排污许可的自行监测要求相关。

第十九条 排放工业废气或者本法第七十八条规定名录中所列有毒有害大气污染物的企业事业单位、集中供热设施的燃煤热源生产运营单位以及其他依法实行排污许可管理的单位，应当取得排污许可证。排污许可的具体办法和实施步骤由国务院规定。

第九十九条 违反本法规定，有下列行为之一的，由县级以上人民政府环境保护主管部门责令改正或者限制生产、停产整治，并处十万元以上一百万元以下的罚款；情节严重的，报经有批准权的人民政府批准，责令停业、关闭：

（一）未依法取得排污许可证排放大气污染物的；

（二）超过大气污染物排放标准或者超过重点大气污染物排放总量控制指标排放大气污染物的；

（三）通过逃避监管的方式排放大气污染物的。

第一百二十三条 违反本法规定，企业事业单位和其他生产经营者有下列行为之一，受到罚款处罚，被责令改正，拒不改正的，依法作出处罚决定的行政机关可以自责令改正之日的次日起，按照原处罚数额按日连续处罚：

（一）未依法取得排污许可证排放大气污染物的；

（二）超过大气污染物排放标准或者超过重点大气污染物排放总量控制指标排放大气污染物的；

（三）通过逃避监管的方式排放大气污染物的；

（四）建筑施工或者贮存易产生扬尘的物料未采取有效措施防治扬尘污染的。

第二十四条　企业事业单位和其他生产经营者应当按照国家有关规定和监测规范，对其排放的工业废气和本法第七十八条规定名录中所列有毒有害大气污染物进行监测，并保存原始监测记录。其中，重点排污单位应当安装、使用大气污染物排放自动监测设备，与环境保护主管部门的监控设备联网，保证监测设备正常运行并依法公开排放信息。监测的具体办法和重点排污单位的条件由国务院环境保护主管部门规定。

重点排污单位名录由设区的市级以上地方人民政府环境保护主管部门按照国务院环境保护主管部门的规定，根据本行政区域的大气环境承载力、重点大气污染物排放总量控制指标的要求以及排污单位排放大气污染物的种类、数量和浓度等因素，商有关部门确定，并向社会公布。

第二十五条　重点排污单位应当对自动监测数据的真实性和准确性负责。环境保护主管部门发现重点排污单位的大气污染物排放自动监测设备传输数据异常，应当及时进行调查。

第二十六条　禁止侵占、损毁或者擅自移动、改变大气环境质量监测设施和大气污染物排放自动监测设备。

第一百条　违反本法规定，有下列行为之一的，由县级以上人民政府环境保护主管部门责令改正，处二万元以上二十万元以下的罚款；拒不改正的，责令停产整治：

（一）侵占、损毁或者擅自移动、改变大气环境质量监测设施或者大气污染物排放自动监测设备的；

（二）未按照规定对所排放的工业废气和有毒有害大气污染物进行监测并保存原始监测记录的；

（三）未按照规定安装、使用大气污染物排放自动监测设备或者未按照规定与环境保护主管部门的监控设备联网，并保证监测设备正常运行的；

（四）重点排污单位不公开或者不如实公开自动监测数据的；

（五）未按照规定设置大气污染物排放口的。

3.《水污染防治法》对排污许可有哪些规定?

《中华人民共和国水污染防治法》（自2018年1月1日起施行）是实行固定污染源排污许可制的重要法律依据之一，全文合计有4条（第二十一条、第二十三条、第二十四条和第八十三条）共10处直接规定了“排污许可”，同时第八十二条也与排污许可的自行监测要求相关。

第二十一条　直接或者间接向水体排放工业废水和医疗污水以及其他按照规定应当取得排污许可证方可排放的废水、污水的企业事业单位和其他生产经营者，应当取得排污许可证；城镇污水集中处理设施的运营单位，也应当取得排污许可证。排污许可证应当明确排放水污染物的种类、浓度、总量和排放去向等要求。排污许可的具体办法由国务院规定。

禁止企业事业单位和其他生产经营者无排污许可证或者违反排污许可证的规定向水体排放前款规定的废水、污水。

第二十三条　实行排污许可管理的企业事业单位和其他生产经营者应当按照国家有关规定和监测规范，对所排放的水污染物自行监测，并保存原始监测记录。重点排污单位还应当安装水污染物排放自动监测设备，与环境保护主管部门的监控设备联网，并保证监测设备正常运行。具体办法由国务院环境保护主管部门规定。

应当安装水污染物排放自动监测设备的重点排污单位名录，由设区的市级以上地方人民政府环境保护主管部门根据本行政区域的环境容量、重点水污染物排放总量控制指标的要求以及排污单位排放水污染物的种类、数量和浓度等因素，商同级有关部门确定。

第二十四条　实行排污许可管理的企业事业单位和其他生产经营者应当对监测数据的真实性和准确性负责。

环境保护主管部门发现重点排污单位的水污染物排放自动监测设备传输数据异常，应当及时进行调查。

第八十三条　违反本法规定，有下列行为之一的，由县级以上人民政府环境保护主管部门责令改正或者责令限制生产、停产整治，并处十万元以上一百万元以下的罚款；情节严重的，报经有批准权的人民政府批准，责令停业、关闭：

（一）未依法取得排污许可证排放水污染物的；

（二）超过水污染物排放标准或者超过重点水污染物排放总量控制指标排放水污染物的；

（三）利用渗井、渗坑、裂隙、溶洞，私设暗管，篡改、伪造监测数据，或者不正常运行水污染防治设施等逃避监管的方式排放水污染物的；

（四）未按照规定进行预处理，向污水集中处理设施排放不符合处理工艺要求的工业废水的。

第八十二条　违反本法规定，有下列行为之一的，由县级以上人民政府环境保护主管部门责令限期改正，处二万元以上二十万元以下的罚款；逾期不改正的，责令停产整治：

（一）未按照规定对所排放的水污染物自行监测，或者未保存原始监测记录的；

（二）未按照规定安装水污染物排放自动监测设备，未按照规定与环境保护主管部门的监控设备联网，或者未保证监测设备正常运行的；

（三）未按照规定对有毒有害水污染物的排污口和周边环境进行监测，或者未公开有毒有害水污染物信息的。

4．申请与核发排污许可证的范围是什么？

《排污许可证管理暂行规定》（环水体〔2016〕186 号）第四条规定，排放工业废气或者排放国家规定的有毒有害大气污染物的企业事业单位，集中供热设施的燃煤热源生产运营单位，直接或间接向水体排放工业废水和医疗污水的企业事业单位，城镇或工业污水集中处理设施的运营单位，依法应当实行排污许可管理的其他排污单位应当实行排污许可管理。

《固定污染源排污许可分类管理名录（2017 年版）》（环境保护部令第 45 号），按行业类别与通用工序分类细化了实行排污许可管理的范围，其中通用工序包括锅炉、工业炉窑、电镀、生活污水和工业废水集中处理等。《固定污染源排污许可分类管理名录（2017 年版）》行业与通用工序以外的排污单位，但列入重点排污单位名录的，二氧化硫、氮氧化物单项年排放量大于 250 t 的，烟粉尘年排放量大于1 000 t的，化学需氧量年排放量大于30 t的，氨氮、石油类和挥发酚合计年排放量大于30 t的，其他单项有毒有害大气、水污染物污染当量数大于3 000的（污染当量数按《中华人民共和国环境保护税法》规定计算），均应当纳入排污许可管理的范围。

5．申请与核发排污许可证的条件是什么？

排污许可证的法理前提是"一切排污都是禁止的，排污必须申请"（注：国家当前的排污许可不包括企业施工期间的排放许可，地方环保局另有规定的除外）。因此，对于那些在试运行期间排污而没申请排污许可证的，都是非法的，也就是说不管企业是否竣工验收，是否还处于试生产，只要有排污行为都应该在"投入生产或使用并产生实际排污行为之前申请领取排污许可证"[《排污许可证管理暂行规定》（环水体〔2016〕186号）第十四条]。

当然，申请排污许可是有前提的，并不是排污单位申请了，核发机关就一定会批准核发排污许可证。首先，"行业排污许可证申请与核发技术规范"都明确规定"对于不具备环评批复文件或地方政府对违规项目的认定或备案文件的企业，原则上不得申报排污许可证"。这项规定不是说排污单位可以不申请排污许可照样能生产，对企业实行豁免，而是这种排污单位的存在或建设在环境影响评价手续上本身就是非法的，属于"黑户"，原则上不能发放排污许可证，面临的是关停的命运。国家排污许可申请子系统中排污单位基本信息表单中，要求填报的"环评批复文件、竣工环保验收批复文件、地方政府对违规项目的认定或备案文件、主要污染物总量分配计划文件"共4个文件，原则上只有环评批复文件、地方政府对违规项目的认定或备案文件是排污许可行政审批的前置条件，竣工环保验收批复文件、主要污染物总量分配计划文件都不是前置条件。

另外，环水体〔2016〕186号文第十九条规定，对满足下列条件的排污单位核发排污许可证。相反，不满足下列条件，即使排污单位申请了排污许可证，核发机关也不予以核发排污许可证。

（一）不属于国家或地方政府明确规定予以淘汰或取缔的。

（二）不位于饮用水水源保护区等法律法规明确规定禁止建设区域内。

（三）有符合国家或地方要求的污染防治设施或污染物处理能力。

（四）申请的排放浓度符合国家或地方规定的相关标准和要求，排放量符合排污许可证申请与核发技术规范的要求。

（五）申请表中填写的自行监测方案、执行报告上报频次、信息公开方案符合相关技术规范要求。

（六）对新改扩建项目的排污单位，还应满足环境影响评价文件及其批复的相关要求，如果是通过污染物排放等量或减量替代削减获得总量指标的，还应审核被替代削减的排污单位排污许可证变更情况。

（七）排污口设置符合国家或地方的要求。

（八）法律法规规定的其他要求。

6．厂房租赁和第三方运营时，谁承担排污许可的主体责任？

《排污许可证管理暂行规定》（环水体〔2016〕186 号）第四条：下列排污单位应当实行排污许可管理：（一）排放工业废气或者排放国家规定的有毒有害大气污染物的企业事业单位；（二）集中供热设施的燃煤热源生产运营单位；（三）直接或间接向水体排放工业废水和医疗污水的企业事业单位；（四）城镇或工业污水集中处理设施的运营单位；（五）依法应当实行排污许可管理的其他排污单位。

根据环水体〔2016〕186 号文第四条规定，排污许可的主体责任单位包括企业事业单位、生活运营单位及其他排污单位。

工业园区，或工厂把自己的厂房租赁给另一家法人企业的情况，厂房本身并不是排污单位，排污许可证的管理对象是排污行为的主体。因此，出租方不需申请排污许可证，由承租方申领排污许可证，对其实行排污许可管理。承租方申请排污许可证时，应注明租赁情况，并将租赁协议中与污染排放相关的内容载入排污许可申请材料。对于租赁到期或中途换租的，应按照环水体〔2016〕186 号文规定进行变更。

集中供热设施的燃煤热源生产运营单位和城镇或工业污水集中处理设施的运营单位，都是申领排污许可证的法律主体单位。

7．同一法人位于不同地点的排污单位应如何申领排污许可证？

《排污许可证管理暂行规定》（环水体〔2016〕186 号）第六条规定：对排污单位排放水污染物、大气污染物的各类排污行为实行综合许可管理。排污单位申请并领取一个排污许可证，同一法人单位或其他组织所有，位于不同地点的排污单位，应当分别申请和领取排污许可证；不同法人单位或其他组织所有的排污单位，应当分别申请和领取排污许可证。

排污许可证是排污单位生产运行期间排污行为的唯一行政许可和接受环保部门监管的主要法律文书，因此，为明确环境保护的主体责任，排污许可证应以法人或其他组织为单位进行申请。也就是说，不同法人意味着不同法律责任，不能合并申请一张许可证。

对于“同一法人单位或其他组织所有，位于不同地点的排污单位，应当分别申请和领取排污许可证”的规定中，要距离多远才算是不同地点呢？为强化排污许可证与环境保护税征管的衔接以及部门间相关信息的交换，原则上排污单位生产经营场所位于不同乡镇或街道的，即可认定为不同地点，应当分别申请和核发排污许可证。当位于不同地点（即位于不同乡镇或街道）的生产经营厂址之间属于配套、公用或存在直接生产工艺联系时，仍可申请一张排污许可证。

生产经营场所和排放口分别位于不同行政区域时，由有核发权的上级环境保护主管部门负责核发排污许可证，跨省级行政区域的，由生产经营场所所在地省级环境保护主管部门负责核发，并应在核发之前，征求其排放口所在地省级环境保护主管部门意见。

某火电厂：一期、二期机组及其公用、配套设施在某市一个县级行政区的同一个厂区内。三期机组在另一个县级行政区某乡镇，三期的灰场、运煤码头、装卸站又在另外一个乡镇（但与三期机组同属一个县级行政区）。据此，一期、二期可以申请一张排污许可证，三期应该单独申请另外一张排污许可证，而三期位于另一乡镇的灰场、运煤码头、装卸站则可以包含在三期当中一并申请。

某大型纸企：由好几家分公司（同一法人单位）组成，包括制浆分厂、造纸分厂，还有自己的原料仓库和热电分厂，各分公司之间形成产业上下游或辅助配套的关系。热电分厂在一个街道，制浆分厂在另一个乡镇，造纸分厂在相邻的另外一个乡镇，但是造纸分厂的废水管线接入了制浆分厂的污水处理站。据此，原则上三个位于不同乡镇或街道的排污单位，可以分别申请排污许可证，但是，考虑到三者间物料联系紧密，存在公用和直接生产工艺联系，可以申请一张排污许可证，这样更便于企业自我管理及环保部门监管。如果涉及属于不同的有核发权的环保部门管理，则应该协商解决。

8．现有污染源企业和新增污染源企业是如何区分的？

《国务院办公厅关于印发控制污染物排放许可制实施方案的通知》（国办发〔2016〕81 号）和《排污许可证管理暂行规定》（环水体〔2016〕186 号）等文件中多次出现现有污染源企业（或现有排污单位）、新增污染源企业（或新建项目）等术语。现有污染源企业（或现有排污单位）界定为 2015 年 1 月 1 日前建成投产的项目，其余为新增污染源企业（或新建项目）。现有污染源企业应当在规定的期限内向具有排污许可证核发权限的核发机关申请领取排污许可证。2017 年 6 月 30 日前完成造纸和火电行业企业排污许可证申请与核发工作，2017 年年底完成钢铁、水泥、平板玻璃、石化、有色金属、焦化、氮肥、印染、原料药制造、制革、电镀、农药、农副食品加工，共计 13 个重点行业企业排污许可证申请与核发工作，并依证开展环境监管执法。新增污染源企业应当在投入生产或使用并产生实际排污行为之前申请领取排污许可证。

9．排污许可简化管理可简化哪些程序和内容？

国家根据排放污染物的企业事业单位和其他生产经营者污染物产生量、排放量和环境危害程度，在《固定污染源排污许可分类管理名录（2017 年版）》（环境保护部令第 45 号）中规定对不同行业或同一行业的不同类型排污单位实行排污许可差异化管理。对污染物产生量和排放量较小、环境危害程度较低的排污单位实行排污许可简化管理。

《排污许可证管理暂行规定》（环水体〔2016〕186 号）共有 8 条涉及排污许

可简化管理，分别是第五条、第七条、第十条、第十一条、第十二条、第十六条、第十七条、第三十三条，对申请材料、信息公开、自行监测、台账记录、执行报告简化管理的具体要求进行了规定。主要规定了以下简化管理程序和内容：①由县级环境保护主管部门负责核发；②可只许可排污口位置和数量、排放方式、排放去向、排放污染物种类和许可排放浓度，可以不许可排放总量；③可不进行申请前信息公开；④可减少监督检查频次；⑤申请材料和排污许可证副本中载明的内容均可适当简化。

实行简化管理的排污单位和核发机关知晓简化管理程序和内容，可以减少不必要的程序和工作量。

10．排污许可证申请与核发需要哪些信息公开程序和内容?

《排污许可证管理暂行规定》（环水体〔2016〕186 号）第十六条规定：排污单位在申请排污许可证前，应当将主要申请内容，包括排污单位基本信息、拟申请的许可事项、产排污环节、污染防治设施，通过国家排污许可证管理信息平台或者其他规定途径等便于公众知晓的方式向社会公开。公开时间不得少于 5 日。对实行排污许可简化管理的排污单位，可不进行申请前信息公开。此次公开的主体是排污许可证申请单位。

根据《排污许可证申领信息公开情况说明表（试行)》，其他规定途径可以包括电视、广播、报刊、公共网站、行政服务大厅或服务窗口等。由此可知，排污许可证申请前信息公开除选择在国家排污许可证管理信息平台信息公开外，还可以选择其他各种便于公众知晓的方式向社会公开。填报完成排污单位申报信息中前 10 大项内容后即可开展信息公开，也就是说，公示期间可以继续填报或修改自行监测要求、环境管理台账记录要求和上传附图与附件，但前 10 大项内容不能修改。若需要修改，可以选择取消信息公开发布，或待信息公开结束后再进行修改。若是选择取消信息公开发布的方式进行修改，则修改完成后必须再次进行 5 天的公开。若是选择待信息公开结束后再进行修改的方式，且修改内容不大，可以不再进行公开，否则必须重新公开。

环水体〔2016〕186 号文第十九条规定：核发机关应自做出许可决定起十日

内，向排污单位发放加盖本行政机关印章的排污许可证，并在国家排污许可证管理信息平台上进行公告；作出不予许可决定的，核发机关应当出具不予许可书面决定书，书面告知排污单位不予许可的理由以及享有依法申请行政复议或提请行政诉讼的权利，并在国家排污许可证管理信息平台上进行公告。此次公告的主体是排污许可证核发机关，即地市级环保局或县级环保局，同时也规定此次公开只能在国家排污许可证管理信息平台上进行。

11．核发机关处理排污许可申请材料的时限要求是什么？

排污单位应当在国家排污许可申请子系统中填报并提交排污许可证申请，同时向有核发权限的环境保护主管部门提交通过平台印制的书面申请材料。需提交的具体材料内容、份数及提交的地点等由核发机关根据《排污许可证管理暂行规定》（环水体〔2016〕186号）和当地环保局要求予以规定。

排污单位提交书面申请材料后，核发机关的处理时限要求是什么呢？环水体〔2016〕186号文第十八条规定：核发机关收到排污单位提交的申请材料后，对材料的完整性、规范性进行审查，按照下列情形分别做出处理：（一）依本规定不需要取得排污许可证的，应当即时告知排污单位不需要办理；（二）不属于本行政机关职权范围的，应当即时做出不予受理的决定，并告知排污单位有核发权限的机关；（三）申请材料不齐全的，应当当场或在五日内出具一次性告知单，告知排污单位需要补充的全部材料。逾期不告知的，自收到申请材料之日起即为受理；（四）申请材料不符合规定的，应当当场或在五日内出具一次性告知单，告知排污单位需要改正的全部内容。可以当场改正的，应当允许排污单位当场改正。逾期不告知的，自收到申请材料之日起即为受理；（五）属于本行政机关职权范围，申请材料齐全、符合规定，或者排污单位按要求提交全部补正申请材料的，应当受理。

核发机关应当在国家排污许可证管理信息平台上做出受理或者不予受理排污许可申请的决定，同时向排污单位出具加盖本行政机关专用印章和注明日期的受理单或不予受理告知单。

核发机关根据审核结果，自受理申请之日起二十日内做出是否准予许可的决定。二十日内不能做出决定的，经本行政机关负责人批准，可以延长十日，并将延长期限理由告知排污单位。依法需要听证、检验、检测和专家评审的，所需时间不计算在本规定的期限内。行政机关应当将所需时间书面告知申请人。核发机关做出准予许可决定的，须向国家排污许可管理信息平台提交审核结果材料并申请获取全国统一的排污许可证编码。

12．国家排污许可制改革计划进度是什么？

《国务院办公厅关于印发控制污染物排放许可制实施方案的通知》（国办发〔2016〕81号）、《排污许可证管理暂行规定》（环水体〔2016〕186号）、《关于开展火电、造纸行业和京津冀试点城市高架源排污许可证管理工作的通知》（环水体〔2016〕189号）和《重点行业和流域排污许可管理试点工作方案》等规定，相应明确了国家排污许可改革2017年计划进度要求。总体要求是按行业分步实现对固定污染源的全覆盖，率先对火电、造纸行业企业核发排污许可证，2020年全国基本完成排污许可证核发。

2017年6月30日前，完成火电、造纸行业企业排污许可证申请与核发工作，依证开展环境监管执法；京津冀重点区域大气污染传输通道上"1+2"重点城市（北京市、保定市、廊坊市）完成钢铁、水泥高架源排污许可证申请与核发试点工作。从2017年7月1日起，现有相关企业必须持证排污，并按规定建立自行监测、信息公开、记录台账及定期报告制度。

2017年年底完成《大气污染防治行动计划》和《水污染防治行动计划》重点行业及产能过剩行业企业排污许可证核发，包括钢铁、水泥、平板玻璃、石化、有色金属、焦化、氮肥、印染、原料药制造、制革、电镀、农药、农副食品加工等重点行业。2017年9月底前完成钢铁、水泥、平板玻璃、石化、有色金属、焦化、氮肥、印染、原料药制造、制革、电镀、农药、农副食品加工等重点行业行业规范的环保部部内审批程序并印发执行，12月底前试点省、市基本完成行政区域内全国相关行业排污许可证申请核发工作。

同时，2017年还将试点流域排污许可管理。2017年年底前，试点地市基本打通造纸行业排污许可证申请、核发、监管、处罚的全流程管理，基本整合衔接相关固定污染源环境管理制度，初步实现"一证式"管理。

到 2020 年，完成覆盖所有固定污染源的排污许可证核发工作，全国排污许可证管理信息平台有效运转，各项环境管理制度精简合理、有机衔接，企事业单位环保主体责任得到落实，基本建立法规体系完备、技术体系科学、管理体系高效的排污许可制，对固定污染源实施全过程管理和多污染物协同控制，实现系统化、科学化、法治化、精细化、信息化的“一证式”管理。

第二章
排污单位基本情况—排污单位基本信息

13．国家排污许可申请子系统注册应注意哪些问题？

排污单位首先应在国家排污许可申请子系统中注册（注册网址 http：// permit.mep.gov.cn/permitExt/outside/registration.jsp）。注册时，必须明确注册单位名称（若是分厂填写分厂名称）、单位名称（为工商注册登记单位名称）、注册地址、生产经营场所地址、流域名称和行业类别等重要信息，并上传统一社会信用代码证或组织机构代码证。注册后，若需修改注册信息，可以登录排污许可申请子系统（http：//permit.mep.gov.cn/permitExt/outside/loginControl），在业务办理界面右上角点击“修改企业基本信息”或“修改密码”进行注册信息修改，或密码变更。必须注意的是，注册信息中的绝大部分信息，如注册单位名称、注册地址、生产经营场所地址和行业类别等，排污单位在国家排污许可申请子系统中不能修改，因此，排污单位应特别仔细准确地填报注册信息。若确需修改，可以通过国家排污许可申请子系统后台管理人员修改。

14．国家排污许可申请子系统中前后内容有承接或逻辑关系吗？

排污单位登录国家排污许可申请子系统后，在业务办理界面显示有 8 项业务，包括许可证申请、许可证变更、许可证延续、许可证补办、台账记录、执行报告、监测记录和信息公开。申请排污许可证时需选择许可证申请，然后根据不同情况选择首次申请或补充申请，补充申请指已在国家排污许可申请子系统中申领过排污许可证但需要补充申请不同行业的内容情况。

排污单位在国家排污许可申请子系统中填报时，必须遵循从前到后，依次填报的原则，因为后续会自动生成与前面对应的相关内容。有时尽管前面表单表观上显示已填报完毕（左侧企业填报信息栏显示为勾的状态），但后续表单不能填报对应的相关内容，此时很可能是前面缺失相关内容的填报。有时“排污单位基本情况——排污节点、污染物及污染治理设施”表单中将锅炉废气排放口类型选择为一般排放口（没有设置为主要排放口），则后续的“大气污染物排放信息——有组织排放信息”中主要排放口的许可排放浓度、许可排放量都不能完成填报。有时虽然也选择为主要排放口，但在“排污单位基本情况——排污节点、污染物及污染治理设施”中没能填报行业规范中的所有污染因子（如缺失氮氧化物或汞及其化合物等），后续表单也不能实现排放总量、排放执行标准、自行监测要求的填报。以上只是一些个案，但已反映出国家排污许可申请子系统中前后内容有承接或逻辑关系，因此填报时必须引起注意，否则就不能顺利地完成填报。

15．排污单位所属行业及行业代码如何选择？

《固定污染源排污许可分类管理名录（2017年版）》（环境保护部令第45号）中的行业类别及代码来源于《国民经济行业分类》（GB/T 4754—2017）。

《固定污染源排污许可分类管理名录（2017年版）》中的行业代码仅具体到字母后三位数字代码，即只定义了三位数字代码的行业类别，如纸浆制造（行业代码C221）指经机械或化学方法加工纸浆的生产活动。国家排污许可申请子系统注册时和后续填报中均要求具体到字母后四位数字代码，如纸浆制造中的子项竹木浆制造（行业代码C2211）。因此，排污单位若不能辨别具体属于哪个行业子项和对应哪个行业代码时，可对照GB/T 4754—2017标准中对行业子项类别的定义，选择正确的行业类别和行业代码（参见国家统计局网址：http://www.stats.gov.cn/tjsj/tjbz/hyflbz/）。

排污单位可能涉及多个行业类别时，国家排污许可申请子系统注册时应选择主行业类别，在排污单位基本信息表中补充填报其他行业类别及行业代码。排污单位在填报主要产品及产能表时，申请子系统提示“此处为主行业的行业类别”，若排污单位涉及多个行业类别，此时应分别选择不同的行业类别予以填报。

16．火电企业及自备电厂排污许可证申请与核发范围是什么？

《火电行业排污许可证申请与核发技术规范》规定：火电行业排污许可证核发范围为执行《火电厂大气污染物排放标准》（GB 13223—2011）的火电机组所在企业，以及有自备电厂的企业，其中自备电厂所在企业仅包括执行 GB 13223—2011 标准的设施（蒸汽仅用于供热且不发电的锅炉除外）。

因此，满足上述说法的就应该归属于“有自备电厂的企业”。不管自备电厂是否与主体企业独立设置，只要执行 GB 13223—2011 排放标准的设施且不仅用于供热目的的，就应该在 2017 年 6 月 30 日前申领完成排污许可证，但只申报电厂部分，主行业装置不予申报（造纸企业除外）。待主行业要求申报后，根据主行业申报要求对自备电厂取得的排污许可证进行变更管理，实现“一企一证”。

哪些电厂或设施执行 GB 13223—2011 标准呢？GB 13223—2011 适用范围规定“使用单台出力 65 t/h 以上除层燃炉、抛煤机炉外的燃煤发电锅炉；各种容量的煤粉发电锅炉；单台出力 65 t/h 以上燃煤、燃气发电锅炉；各种容量的燃气轮机组的火电厂；单台出力 65 t/h 以上采用煤矸石、生物质、油页岩、石油焦等燃料的发电锅炉，参照本标准中循环流化床火力发电锅炉的污染物排放控制要求执行。整体煤气化联合循环发电的燃气轮机组执行本标准中燃用天然气的燃气轮机组排放限值”。

因此，自备电厂是否纳入 2017 年 6 月 30 日前申领完成排污许可证，不能以 65 t/h 为判断标准，因为即使使用单台出力 65 t/h 以上，但层燃炉、抛煤机炉燃煤发电锅炉不执行 GB 13223—2011 标准；相反，各种容量的煤粉发电锅炉和燃气轮机组的火电厂，其不管单台出力多少都执行 GB 13223—2011 标准。

17．造纸企业排污许可证申请与核发范围是什么？

《关于开展火电、造纸行业和京津冀试点城市高架源排污许可证管理工作的通知》（环水体〔2016〕189 号）规定：造纸行业排污许可证发放范围为所有制浆企业、造纸企业、浆纸联合企业，以及列入2015年环境统计口径范围内的纸制品加工企业应当在2017年6月30日前获得排污许可证，其他应当纳入排污许可管理的纸制品加工企业排污许可证核发工作最迟于2020年前完成。

以废纸为原料造纸的企业可能涉及塑料颗粒生产线，如废旧纸箱上往往有封口胶，或废纸中难免还夹杂有废塑料口袋等塑料制品，有的纸企还建有把这些塑料制品做成塑料颗粒的塑料颗粒生产线。塑料颗粒生产线一般无废水产生和排放，废气往往引接至造纸用的锅炉烟囱排放。

某纸企在厂内建有一条由锰矿石制硫酸锰的化工生产线（年产饲料级硫酸锰4 000 t、年产高纯度硫酸锰6 000 t）。项目产生废水主要为纯水制备废水、蒸发器冷凝水，且纯水制备废水供纸厂脱墨利用，蒸发器冷凝水用于锅炉房补水和造纸调浆；项目废气主要为颗粒物、硫酸雾和锅炉烟气，并进行了有效处理，达到《大气污染物综合排放标准》（GB 16297—1996）和《锅炉大气污染物排放标准》（GB 13271—2014）要求。硫酸锰生产线建成投运后，整个造纸厂内废气排放总量、新鲜水用量、废水产生量和排放量都减少。

塑料颗粒、硫酸锰生产线作为某些造纸企业的组成部分，且有污染物产生，应该在造纸行业排污许可证申领中予以申报，以保证造纸企业整体申报排污许可内容的完整性。虽然当前国家排污许可申请子系统中没有塑料颗粒生产线、硫酸锰生产线的生产设施数据库，但可以通过下拉菜单选择“其他”功能自定义，从而实现数据的填报。

18．重点地区、重点控制区或重点区域及相应的管控要求是什么？

“行业排污许可证申请与核发技术规范”中提及的“重点地区”，《重点区域大气污染防治“十二五”规划》中提及的“重点控制区”，以及申报与核发信息系统备注中提及的“重点区域”，均为同一个概念。根据《关于执行大气污染物特别排放限值的公告》（环境保护部公告2013年第14号）规定，重点控制区包括京津冀、长三角、珠三角地区，以及辽东中部、山东、武汉及其周边、长株潭、成渝、海峡两岸、山西中北部、陕西关中、甘宁、新疆乌鲁木齐城市群等区域，共涉及19个省（区、市）的47个地级及以上城市市域范围。具体包括哪些区（县、市），填报信息系统第1张表“排污单位基本情况—排污单位基本信息”中有提示菜单供选择。

《关于执行大气污染物特别排放限值有关问题的复函》（环保大气函〔2016〕1087号）要求，“十三五”期间位于重点控制区市域范围内的燃煤机组、钢铁烧结（球团）设备、石化行业（现有企业2017年7月1日起执行）、燃煤锅炉（10 t/h及以下在用蒸汽锅炉和7 MPa及以下在用热水锅炉自2016年7月1日起执行）排放的大气污染物均应执行特别排放限值。《火电行业排污许可证申请与核发技术规范》中要求的排放绩效值选取表中（表2、表3、表4），对重点地区有特别的要求，即相对高硫煤地区和其他地区有更严格的排放要求。

环保部拟在京津冀大气污染传输通道城市的行政区域范围内全面执行大气污染物特别排放限值，包括京津冀大气污染传输通道城市，包括北京市，天津市，河北省石家庄市、唐山市、廊坊市、保定市、沧州市、衡水市、邢台市、邯郸市，山西省太原市、阳泉市、长治市、晋城市，山东省济南市、淄博市、济宁市、德州市、聊城市、滨州市、菏泽市，河南省郑州市、开封市、安阳市、鹤壁市、新乡市、焦作市、濮阳市，简称“2+26”城市。

另外，太湖流域沿线城市，包括江苏省苏州市全市辖区，无锡市全市辖区，常州市全市辖区，镇江市的丹阳市、句容市、丹徒区，南京市的溧水县、高淳县；浙江省湖州市全市辖区，嘉兴市全市辖区，杭州市上城区、下城区、拱墅区、江干区、余杭区、西湖区的钱塘江流域以外区域，临安市的钱塘江流域以外的区域均执行国家排放标准水污染物特别排放限值。上海市青浦区全部辖区自2008年9月1日起执行《制浆造纸工业水污染物排放标准》（GB 3544—2008）的水污染物特别排放限值。

总之，可以认为，执行大气污染物特别排放限值和国家排放标准水污染物特别排放限值的区域，均属于重点地区、重点控制区或重点区域。

19．如何填报排污单位基本信息中的废气、废水污染物控制指标？

国家排污许可申请子系统中“排污单位基本情况—基本信息”表中的“废气废水污染物控制指标”栏，填报说明指出：填写申报单位污染物控制指标，无须填写默认指标，且默认大气污染物控制指标为二氧化硫、氮氧化物、颗粒物和挥发性有机物，其中颗粒物包括可吸入颗粒物、烟尘和粉尘 3 种，默认水污染物控制指标为化学需氧量和氨氮。也就是说，如果排污单位的排放总量控制指标为二氧化硫、氮氧化物、颗粒物（可吸入颗粒物、烟尘和粉尘）、挥发性有机物、化学需氧量、氨氮，则本处可以不填任何信息，完全不影响排污许可申报与核发，因为系统在后续的表单中会默认生成相关信息。但当地方政府或有其他规定的情况下，还可能要求排污单位申请除上述默认指标外的排放总量，如总氮、总磷等，此时本处就必须填报总氮、总磷等相关指标，则系统在后续的表单中就会据此自动生成相关信息，从而实现相关指标排放总量的填报功能。

第三章
排污单位基本情况—主要产品及产能

20. 如何正确填报主要产品及产能信息表单？

国家排污许可申请子系统中的主要产品及产能信息，不仅仅是指排污单位生产的产品及产能，而是包括行业类别、主要生产单元、主要工艺、生产设施及设施参数、产品名称、生产能力、设计年生产时间和其他信息等。

“排污单位基本情况—主要产品及产能”表单填报是国家排污许可申请子系统中的一个非常重要的、十分关键的表单，表单中的内容与后续填报内容紧密相关，同时此表单的填报又是一个难点。填报时一定要明确生产单元、主要工艺、主要生产设施、产污环节、污染物和治理设施的逻辑关系一层一层地填报，绝不能一行一行地对应填报，以至于没有层级关系。

国家排污许可申请子系统中的生产设施编号为必填项。企业可填报内部生产设施编号，若企业无内部生产设施编号，则可根据《固定污染源（水、大气）编码规则（试行）》进行编号并填报。但要注意的是，此处需要编号的生产设施指各生产系统下的设施或设备层级。如生产设施锅炉及发电系统，它包括一次风机、送风机、二次风机、循环流化床锅炉等，需对一次风机、送风机、二次风机、循环流化床锅炉等设施或设备进行编号，而不是对锅炉及发电系统进行编号。多台相同的设备应分别予以填报，并分别编号，便于将来可能的某台设备更新。

产品和产能是主要工艺层级才有的选项，此层级若有产品及产能就添加产品及产能栏目来填报，没有就不予以填报。请注意绝不是针对生产设施层级填报的内容，也就是说，绝不可能出现类似“皮带输送机的产品及产能该如何填报？煤仓的产品及产能该如何填报？”等问题。

对于下拉菜单中没有的选项而又需要填报的内容，一定随时使用“其他”功能选项，自定义企业特有的设备设施信息，从而实现网上内容的顺畅填报。

“行业排污许可证申请与核发技术规范”中明确的必填项必须填报，包括必填的主要生产单元、主要工艺、生产设施、设施编号、设施参数、生产能力及计量单位等，否则核发机关审核时不予通过，要求补件。

特别注意的是，尽量运用其他设施参数信息、其他设施信息、其他产品信息、其他工艺信息等栏目，填写能反映排污单位与排污有关的重要信息，如锅炉是否备用、排气烟囱与锅炉数量对应关系等信息。

第四章
排污单位基本情况—主要原辅材料及燃料

21．主要原辅材料包括哪些物质和信息？

国家排污许可申请子系统中，要求填报主要原辅材料及相关信息。主要原辅材料应包括生产全过程、废气和废水处理过程中添加的化学品（包括新鲜水），特别是可能引发环境风险的物质必须全部填报，且在“其他信息”栏中说明环境风险物质形态、包装方式、最大储存量及使用的工艺环节等。必须填报的原辅材料相关信息包括种类、名称、年最大使用量（已投运的年最大使用量按近 5 年实际使用量的最大值填写，未投运的年最大使用量按设计使用量填写）、硫元素占比等，有毒有害成分及占比为选填项。

一般来讲，行业或通用工序“排污许可证申请与核发技术规范”中会明确应填报的原辅材料，如火电行业辅料包括盐酸、烧碱、石灰石、石灰、电石渣、液氨、尿素、氨水、氧化镁、氢氧化镁、脱硝催化剂、混凝剂、助凝剂等，造纸行业原料包括针叶木、阔叶木、竹类、麦草、芦苇、甘蔗渣、废纸、云母、商品浆和水等，辅料包括烧碱、硫化钠、过氧化氢、臭氧、二氧化氯、液氯、液氨、氨水、石灰石、石灰、填料、增白剂、硫酸、盐酸、混凝剂和助凝剂等。

22．燃煤灰分、挥发分与硫分的具体指标是什么？

国家排污许可申请子系统中“排污单位基本情况—主要原辅材料及燃料”，要求填报燃煤的灰分、挥发分和硫分信息。“行业排污许可证申请与核发技术规范”中没有明确燃煤灰分、挥发分和硫分的具体指标。

《高污染燃料目录》（国环规大气〔2017〕2 号）中按干燥基灰分（A_d）、干燥无灰基挥发分（V_{daf}）和干燥基硫分（$S_{t,d}$）对燃煤种类进行分类。因此，系统中要求填报的灰分、挥发分和硫分分别是干燥基灰分（A_d）、干燥无灰基挥发分（V_{daf}）和干燥基硫分（$S_{t,d}$）。

燃煤在彻底燃烧后所剩下的残渣称为灰分。灰分是有害物质，灰分增加，发热量降低、排渣量增加、煤容易结渣。灰分包括干燥基灰分（A_d）、空气干燥基灰分（A_{ad}）和收到基灰分（又称应用基灰分，A_{ar}）。分析试样时，用样品直接测出的灰分结果是空气干燥基灰分 A_{ad}（因样品是在室温下干燥的，它的水分含量与当地的实验室环境温度达到平衡的水分含量），干燥基灰分 A_d 不能直接测定出来，而是通过水分换算得到；收到基灰分 A_{ar} 是实际煤样没有经过干燥直接测得的灰分。

将煤加热到一定温度时，煤中的部分有机物和矿物质发生分解并逸出，逸出的气体（主要是 H_2、C_mH_n、CO、CO_2 等）产物称为煤的挥发分，包括空气干燥基挥发分（V_{ad}）、干燥基挥发分（V_d）、干燥无灰基挥发分（V_{daf}）和收到基挥发分（V_{ar}），其中 V_{daf} 是煤炭分类的重要指标之一。

煤炭燃烧时绝大部分的硫被氧化成二氧化硫（SO_2），随烟气排放，硫分含量是评价煤质的重要指标之一。无烟煤、烟煤和褐煤在基准发热量时，按干燥基硫分（$S_{t,d}$）范围分为特低硫煤、低硫煤、中硫煤、中高硫煤和高硫煤。

23．如何计算锅炉燃料年最大使用量？

国家排污许可申请子系统中，需要填报燃料及其年最大使用量，且年最大使用量为必填项。已投运排污单位的年最大使用量按近 5 年实际使用量的最大值填写，未投运排污单位的年最大使用量按设计使用量填写。

燃料的年最大使用量与排放总量有极为密切的关系，排污单位申请和核发机关核发都特别关注，有时核发机关还要求排污单位提供近 5 年煤炭使用量证明材料（购销清单）等。

有时确实不能确定锅炉燃料年最大使用量，或核发机关需要判断排污单位填报的数据是否合理，此时需根据排污单位填报的其他信息进行计算。

锅炉燃料年最大理论使用量与要获得的饱和蒸汽压力、蒸汽温度、锅炉蒸发量、锅炉效率和燃料的热值有关，并可通过相关的数学公式予以推断得出。

计算案例：工业蒸汽 1.0 MPa，270℃，10 t/h 蒸发量，锅炉效率 60%，则分别用燃料（煤、油或天然气）多少吨？

理论计算：工业蒸汽 1.0 MPa，270℃对应的焓值为 2 987 kJ/kg，要获得 10 t/h 蒸发量的蒸汽需热量为 29.87 GJ（按 30 GJ 计）。锅炉效率为 60%，需要燃烧 50 GJ 的燃料。

每千克标准煤发热量 7 000 cal（卡）×4.186 8=29 307 kJ，每吨发热量为 1 000×29 307 kJ=29.307 GJ，则每小时需要燃烧标准煤量为 50/29.3=1.7 t。同理，如果烧普通煤（发热值 3 500～4 000 cal/kg），每小时需要燃烧普通煤量为 3 t；烧天然气（发热值 8 000 cal/m^3）每小时用量 1.7×1 000×7 000/8 000 m^3=1 487.5 m^3（相当于每蒸吨每小时耗天然气 148.75 m^3）；烧柴油每小时要 0.833 3 t。

某型号锅炉说明书：WNS6-1.25-Q 型额定蒸发量 6 t/h 的燃气锅炉设计参数（锅炉的压力 1.25 MPa，出口蒸汽温度是 194℃，热效率 94%），每蒸吨每小时消耗天然气 80 m^3，6 t/h 锅炉的燃气耗量是 480 m^3/h（注：天然气的热值取 33 494 kJ/kg）。

因此，国家排污许可申请子系统填报时，应在排污单位基本情况—主要产品及产能表单中必须填报锅炉的蒸发量、蒸汽压力、蒸汽温度、锅炉效率（见《火电行业排污许可证申请与核发技术规范》要求），在排污单位基本情况—主要原辅材料及燃料表中必须填报燃料热值。

第五章 排污单位基本情况—排污节点及污染治理设施

24. 废气、废水污染物种类如何填报？

《火电行业排污许可证申请与核发技术规范》和《造纸行业排污许可证申请与核发技术规范》中废气与废水治理设施按不同的方法分类，其中废气治理设施按污染物种类分类，分为脱硫系统、脱硝系统、脱汞措施和除尘器等，废水按类别分类，分为工业废水处理系统、生活污水处理系统、脱硫废水处理系统、含煤废水处理系统等。因此，“废气产排污节点、污染物及污染治理设施信息表”中污染物种类按每个污染物（燃煤锅炉废气二氧化硫、氮氧化物、颗粒物、汞及其化合物和林格曼黑度）单选填报，而“废水类别、污染物及污染治理设施信息表”中污染物种类则按多种污染物（如制浆造纸废水 pH、色度、悬浮物、化学需氧量、五日生化需氧量、总氮、总磷、氨氮等）多选合并填报，以分别对应不同污染治理设施名称选项。

25. 污染因子与监测指标不一致时如何填报？

国家排污许可申请子系统中，废水、废气的污染因子与后续需要自行监测的监测指标不一致时，应如何填报“产排污节点、污染物及污染治理设施信息表”中的污染物种类？

火电企业纳入排污许可管理的废水类别包括生产废水、生活污水、冷却水排水和脱硫废水等，其主要污染因子包括 pH、SS、TDS、化学需氧量、氨氮、硫化物、石油类、总磷、氟化物、挥发酚、动植物油类，共 11 大项，脱硫废水还包括总砷、总铅、总汞、总镉等重金属污染物。排污单位填报“产排污节点、污染物及污染治理设施信息表”中的污染物种类时，不是所有废水类别都一定要填报全部的 11 个污染因子或总砷、总铅、总汞、总镉等重金属污染物，而应根据《排污单位自行监测技术指南　火力发电及锅炉》（HJ 820—2017）需要自行监测的监测指标来选择，如循环冷却水排放口监测指标为 pH、化学需氧量、总磷和流量，则循环冷却水的污染物种类相应填报 pH、化学需氧量、总磷，流量可以当作广义的“污染物种类”予以填报，以便在后续自行监测要求表中生成相应填报信息。

火电企业实施许可管理的废气污染因子与自行监测指标均为《火电厂大气污染物排放标准》（GB 13223—2011）中的污染因子（二氧化硫、氮氧化物、烟尘、林格曼黑度，燃煤锅炉还涉及汞及其化合物），因此，大气许可基本不存在污染因子与自行监测指标不一致的问题。

26．关于颗粒物、烟尘、粉尘的区分问题?

国家排污许可申请子系统中，常涉及总悬浮颗粒物（TSP）、可吸入颗粒物（PM_{10}）、$PM_{2.5}$、烟尘、粉尘等名词术语。

《火电行业排污许可证申请与核发技术规范》中烟尘出现 18 处，颗粒物出现 15 处，粉尘出现 2 处；《造纸行业排污许可证申请与核发技术规范》中烟尘出现 10 处，颗粒物出现 18 处，粉尘出现 1 处。粉尘容易理解，都出现在无组织排放过程中。《锅炉大气污染物排放标准》（GB 13271—2014）和《大气污染物综合排放标准》（GB 16297—1996）中均称“颗粒物”，而《火电厂大气污染物排放标准》（GB 13223—2011）中均称“烟尘”。“行业排污许可证申请与核发技术规范”按执行的不同排放标准，分别对应出现“烟尘”或“颗粒物”术语。因此，在国家排污许可申请子系统中应根据执行的排放标准，分别对应选择颗粒物、烟尘和粉尘等不同内涵的术语。

同时必须注意的是，烟尘的概念已渐渐由颗粒物取代，新制定发布的排放标准中往往称颗粒物。《火电厂污染防治可行技术指南》（HJ 2301—2017）已把燃煤电厂排放烟气中的烟尘定义为颗粒物，即悬浮于排放烟气中的固体和液体颗粒状物质，包括除尘器未能完全收集的烟尘颗粒及烟气脱硫、脱硝过程中产生的次生颗粒物。

27．为何国家特别强调无组织排放源的排污许可管理？

国家排污许可证申请子系统中，要求填报无组织排放源及相关信息，重点是颗粒物和挥发性有机物的无组织排放及控制措施的可行技术。

《中华人民共和国大气污染防治法》在大气污染防治措施中，明确提出了无组织排放控制要求，并在法律责任中规定了相应罚则，为强化大气污染物无组织排放管理提供了法律依据。其中，第四十五条规定，“产生含挥发性有机物废气的生产和服务活动，应当在密闭空间或者设备中进行”；第四十七条规定，“石油、化工以及其他生产和使用有机溶剂的企业，应当采取措施对管道、设备进行日常维护、维修，减少物料泄漏，对泄漏的物料应当及时收集处理”；第四十八条规定，“工业生产企业应当采取密闭、围挡、遮盖、清扫、洒水等措施，减少内部物料的堆存、传输、装卸等环节产生的粉尘和气态污染物的排放”；第七十二条规定，“贮存煤炭、煤矸石、煤渣、煤灰、水泥、石灰、石膏、砂土等易产生扬尘的物料应当密闭；不能密闭的，应当设置不低于堆放物高度的严密围挡，并采取有效覆盖措施防治扬尘污染”等。

无组织排放主要来自物料运输、装卸、储存、厂内转移和输送通用操作过程，以及生产工艺环节（如高炉出铁厂、焦炉、工业涂装工序），是大气污染的重要来源。根据 2015 年环境统计数据，水泥行业颗粒物无组织排放占颗粒物排放总量的 35%。德国钢铁行业 48%的粉尘都来源于无组织排放，其中烧结、炼钢和鼓风炉是最大的无组织排放源；70%的重金属铬的排放都是无组织排放，其中 59%来源于电炉。一直以来，由于缺乏有效管控方式和管理手段，无组织排放管控已成为环境管理的薄弱环节，对区域环境空气质量改善、“散乱污”企业执法监管和综合整治、工业企业深度治理和升级改造等造成重要影响。

因此，环保部修订了钢铁、建材、有色、火电、锅炉、焦化等行业污染物排放标准和《大气污染物综合排放标准》（GB 16297—1996），对物料（含废渣）运输、装卸、储存、转移与输送以及生产工艺过程等，全面增加无组织排放控制措施要求。钢铁（烧结球团、炼铁、炼钢、轧钢、铁矿采选、铁合金）、建材（水泥、平板玻璃、陶瓷、砖瓦）、有色（铝、铅锌、铜钴镍、镁钛、锡锑汞、再生铜铝铅锌）、火电、锅炉、焦化行业的无组织排放控制措施要求，按相应行业排放标准修改单规定内容执行；石化（石油炼制、石油化工、合成树脂）、油品储运销（储油库、汽油运输、加油站）行业的无组织排放控制措施要求，按行业排放标准已有规定执行；其他行业的无组织排放控制措施要求，按《大气污染物综合排放标准》修改单规定内容执行，将来发布行业排放标准或修改单规定无组织排放控制措施要求的，按相应行业排放标准或修改单规定内容执行。

28．火电、造纸企业废气无组织排放节点及控制措施是什么？

火电企业无组织排放节点主要包括储煤场、输煤系统、油罐区、物料场、翻车机房、备煤备料系统、石灰石及石膏储存区、脱硝辅料区（氨罐区）、灰场等。对于露天储煤场应配备防风抑尘网、喷淋、洒水、苫盖等抑尘措施，且防风抑尘网不得有明显破损；煤粉、石灰或石灰石粉等粉状物料须采用筒仓等全封闭料库存储；其他易起尘物料应苫盖；石灰石卸料斗和储仓上设置布袋除尘器或其他粉尘收集处理设施；翻车机房在作业过程中要保证除尘设施的正常运行；输煤栈桥、输煤转运站采用封闭措施并配置袋式除尘器；对原煤或物料破碎、磨粉产生的粉尘要进行有效收集；氨罐区应设有防泄漏围堰、氨气泄漏检测设施；氨罐区应安装氨（氨水）流量计。火电企业无组织排放监控点位包括厂界、储油罐周边及氨罐区周边等，各监测点位对应的监测指标与监测频次由《排污单位自行监测技术指南　火力发电及锅炉》（HJ 820—2017）规定。

造纸企业无组织排放节点主要包括高浓度污水处理设施、污泥间废气、制浆及碱回收工段产生的恶臭气体、储煤场、脱硝辅料区等。对于高浓度污水处理设施、污泥间废气经密闭收集处理后通过排气筒排放；对于制浆及碱回收工段产生的不凝气、汽提气等含恶臭物质，经收集后送碱回收炉等进行焚烧处置；对于露天储煤场应配备防风抑尘网、喷淋、洒水、苫盖等抑尘措施，且防风抑尘网不得有明显破损；煤粉、石灰或石灰石粉等粉状物料须采用筒仓等全封闭料库存储；

其他易起尘物料应苫盖；石灰石卸料斗和储仓上设置布袋除尘器或其他粉尘收集处理设施；氨区应设有防泄漏围堰、氨气泄漏检测设施。氨罐区应安装氨（氨水）流量计。造纸企业无组织排放监控点位包括厂界、储油罐周边及氨罐区周边等，各监测点位对应的监测指标与监测频次由《排污单位自行监测技术指南　造纸工业》（HJ 821—2017）规定。

火电、造纸企业无组织排放不许可排放总量，只许可排放浓度，且排放浓度执行《大气污染物综合排放标准》（GB 16297—1996）和《恶臭污染物排放标准》（GB 14554—93）等。

29．火电企业工艺过程扬尘防治有哪些可行技术？

环保部以部公告 2017 年第 21 号发布了《火电厂污染防治可行技术指南》（HJ 2301—2017），并于 2017 年 6 月 1 日起实施。HJ 2301—2017 明确了工艺过程扬尘防治技术，包括煤炭装卸作业过程、厂内煤炭输送作业过程、厂内贮煤场、脱硫剂（石灰或石灰石粉）装卸运输贮存及灰场扬尘等。

煤炭装卸作业过程扬尘防治可行技术：封闭式螺旋卸船机、桥式抓斗绳索牵引式卸船机（适用于水路来煤）；缝式煤槽卸煤装置，两侧封闭（选用于汽车来煤）；卸煤设施除进端、出端外应采取封闭措施（适用于铁路来煤）。

厂内煤炭输送作业过程扬尘防治可行技术：圆管带式输送机或封闭输煤栈桥（适用于所有电厂煤炭输送）；转运站配袋式除尘器（适用于各种煤质），或配静电除尘器（适用于低挥发分煤），或采用湿式除尘器与湿式电除尘器的组合（适用于各种煤质，环境较敏感地区）。

厂内贮煤场扬尘防治可行技术：露天煤场设喷洒装置、干煤棚，周边进行绿化（适用于南方多雨、潮湿的地区且周围无环境敏感目标的现有煤场）；露天煤场设喷洒装置与防风抑尘网组合（适用于不能封闭的煤场）；储煤筒仓配置库顶式除尘器（适用于贮煤量较小、配煤要求高的电厂）；封闭式煤场设置喷洒装置（适用于能够封闭的煤场）。

脱硫剂（石灰或石灰石粉）装卸、运输与贮存扬尘防治技术：装卸作业宜采用密闭罐车配置卸载设备，如罗茨风机；运输应采用密闭罐车；贮存应采用筒仓贮存配袋式除尘器，受料时排气中粉尘的分离与收集也应采用袋式除尘器。

灰场扬尘防治技术：灰场应分块使用，尽量减小作业面；对于干灰场，调湿灰通过自卸密封车运至灰场，及时铺平、洒水、碾压，风速较大时应暂停作业，必要时可以进行覆盖；对于水灰场，应保证灰场表面覆水。

30．100 MW及以上燃煤火电厂烟气中颗粒物达标有哪些可行技术？

《火电厂大气污染物排放标准》（GB 13223—2011）对燃煤锅炉颗粒物浓度限值为30 mg/m^3（执行大气污染物特别排放限值时为20 mg/m^3）。《火电行业排污许可证申请与核发技术规范》表5只给出了颗粒物浓度限值为30 mg/m^{3}时的可行技术，即“袋式除尘、静电除尘或电袋复合除尘器”，对于执行限值为20 mg/m^{3}时的可行技术不得而知。

环保部以部公告2017年第21号发布了《火电厂污染防治可行技术指南》（HJ 2301—2017），并于2017年6月1日起实施，其内容回答了以上问题。

电除尘、电袋复合除尘、袋式除尘均是达标排放可行技术，可以通过设置不同的除尘工艺参数，实现粉尘的不同浓度限值要求。电除尘（干式）可通过设置不同的工艺参数把出口烟尘浓度分别控制在20 mg/m^3、30 mg/m^{3}或50 mg/m^{3}及以下，电除尘（湿式）可分别控制在5 mg/m^{3}或10 mg/m^{3}及以下，电袋复合除尘可分别控制在5 mg/m^3、10 mg/m^{3}或20 mg/m^{3}及以下，袋式除尘可分别控制在10 mg/m^3、20 mg/m^{3}或30 mg/m^{3}及以下。

电除尘、电袋复合除尘、袋式除尘技术，应根据环保要求、燃煤性质、飞灰性质、现场条件、电厂规模和锅炉类型等进行选择。当电除尘器对煤种的除尘难易性为“较易”或“一般”时，宜选用电除尘技术；当煤种除尘难易性为“较难”时，600 MW级及以上机组宜选用电袋复合除尘技术，300 MW级及以下机组可选用电袋复合除尘技术或袋式除尘技术。

考虑到湿法脱硫对颗粒物的洗涤作用，当颗粒物排放浓度执行30 mg/m^{3}限值时，除尘器出口烟尘浓度宜低于50 mg/m^3；当颗粒物排放浓度执行20 mg/m^{3}限值时，除尘器出口烟尘浓度宜低于30 mg/m^3。

31．100 MW 及以上燃煤火电厂烟气中二氧化硫达标有哪些可行技术?

《火电厂大气污染物排放标准》（GB 13223—2011）对燃煤锅炉二氧化硫浓度限值要求按新建、现有和是否处于四川、重庆、贵州、广西等情况，规定为 100 mg/m^3、200 mg/m^3 或 400 mg/m^3（执行大气污染物特别排放限值时为 50 mg/m^3）。

《火电行业排污许可证申请与核发技术规范》表 5 只给出了二氧化硫浓度限值为 100 mg/m^3、200 mg/m^3 时的可行技术，对于执行限值为 50 mg/m^3 或 400 mg/m^3 时的可行技术不得而知。

环保部以部公告 2017 年第 21 号发布了《火电厂污染防治可行技术指南》（HJ 2301—2017），并于 2017 年 6 月 1 日起实施，其内容回答了以上问题。

石灰石-石膏法、烟气循环流化床法、海水脱硫、氨法脱硫技术均可通过设置不同的脱硫工艺参数，满足二氧化硫排放的不同浓度限值要求，实现达标排放，但不同的脱硫工艺，由于其吸收剂的种类、吸收剂在脱硫塔内布置、输送方法等有所不同，导致不同脱硫工艺的适用范围有所差异。

火电厂 SO_2 达标排放可行技术

<table>
<tr><th>SO_2 入口浓度/（mg/m^3）</th><th>地域</th><th>单机容量/MW</th><th colspan="2">达标可行技术</th></tr>
<tr><td>≤2 000</td><td>一般和重点地区</td><td rowspan="5">所有容量</td><td rowspan="5">石灰石-石膏湿法脱硫</td><td>传统空塔
双托盘</td></tr>
<tr><td rowspan="2">2 000～3 000</td><td>一般地区</td><td>传统空塔
双托盘</td></tr>
<tr><td>重点地区</td><td>双托盘
沸腾泡沫</td></tr>
<tr><td>3 000～6 000</td><td>一般和重点地区</td><td>旋汇耦合、湍流管栅
单塔双 pH 值、单塔双区</td></tr>
<tr><td>＞6 000</td><td>一般和重点地区</td><td>旋汇耦合
双塔双 pH 值、单塔 pH 值</td></tr>
<tr><td>≤3 000</td><td>缺水地区</td><td>≤300</td><td colspan="2">烟气循环流化床脱硫</td></tr>
<tr><td>≤2 000</td><td>沿海地区</td><td>300～1 000</td><td colspan="2">海水脱硫</td></tr>
<tr><td>≤12 000</td><td>电厂周围 200 km 内有稳定氨源</td><td>≤300</td><td colspan="2">氨法脱硫</td></tr>
</table>

注：适用于 SO_2 入口高浓度的技术，也适用于入口浓度较低时应用。

按照脱硫工艺是否加水和脱硫产物的干湿形态，烟气脱硫技术分为湿法、干法和半干法三种工艺。湿法脱硫工艺选择使用钙基、镁基、海水和氨等碱性物质作为液态吸收剂，在实现 SO_2 达标或超低排放的同时，具有协同除尘功效，辅助实现烟气颗粒物的超低排放。干法、半干法脱硫工艺主要采用干态物质（如消石灰、活性焦等）吸收、吸附烟气中 SO_2。

以石灰石-石膏法为基础的多种湿法脱硫工艺（传统空塔、复合塔、pH 分区）适用于各种煤种的燃煤电厂，脱硫效率为 95.0%～99.7%。由于不同工艺使用的脱硫浆液在塔内传质吸收方式上存在差异，造成脱硫效率、能耗、运行稳定性等指标方面各不相同，应统筹考虑，选择适用于不同烟气 SO_2 入口浓度条件下的达标排放浓度。

烟气循环流化床脱硫技术主要以生石灰粉或生石灰浆液为吸收剂，脱硫效率为 93%～98%，对于烟气中 SO_2 浓度在 3 000 mg/m^3 以下的中低硫煤，SO_2 排放浓度可满足 100 mg/m^3 的要求。适合于 300 MW 级及以下燃煤锅炉的 SO_2 污染治理，并已在 600 MW 燃煤机组进行工程示范，对缺水地区的循环流化床锅炉，在炉内脱硫的基础上增加炉外脱硫改造更为适用。

氨法脱硫技术的吸收剂主要采用氨水或液氨，脱硫效率为 95.0%～99.7%，脱硫系统阻力小于 1 800 Pa。氨法脱硫技术对煤种、负荷变化均具有较强的选应性，适用于附近有稳定氨源、电厂周围环境不敏感、机组容量在 300 MW 级及以下燃煤电厂。

海水脱硫技术利用海水天然碱性实现 SO_2 吸收，系统脱硫效率为 95%～99%。对于入口 SO_2 浓度低于 2 000 mg/m^3 的滨海电厂且海水扩散条件较好，并符合近岸海域环境功能区划要求时，可以选择海水脱硫。

32．海水脱硫达标可行技术和管理要求是什么？

《火电行业排污许可证申请与核发技术规范》中共有 2 处提及海水脱硫，分别出现在废气达标可行技术和运行管理要求中：采用低硫煤（硫分＜1.5%），并安装脱硫效率超过 95%的烟气脱硫装置，包括石灰石-石膏法、氧化镁法、海水脱硫技术等，可使烟气中 SO_2 降至 200 mg/m^3。对海水脱硫，海水提升泵电流和海水使用量应当符合运行规程要求；海水再生系统的曝气时间、含氧量，外排水温度、pH 值应当符合环境影响评价要求。

烟气海水脱硫技术是利用天然海水的碱度，脱除烟气中 SO_2，再用空气强制氧化为硫酸盐，然后排入海水的一种脱硫方法。在脱硫吸收塔内，大量海水喷淋洗涤进入吸收塔内的燃煤烟气，烟气中 SO_2 被海水吸收而除去，净化后的烟气经除雾器除雾、经烟气换热器加热后排放。海水脱硫效率为 95%～99%，对于入口 SO_2 浓度小于 2 000 mg/m^3 的烟气可实现超低排放。海水脱硫工艺适用于燃煤含硫量不高于 1%、有较好海域扩散条件的滨海燃煤电厂，且须满足近岸海域环境功能区划要求。青岛电厂，脱硫后每年可减少 SO_2 排放量 3 万多 t。烟气海水脱硫技术存在的主要问题是脱硫排水对周边海域海水温度、pH 值、盐度、重金属等可能存在潜在影响，可能产生的重金属沉积和对海洋环境的影响需要长时间的观察才能得出结论，因此，在环境质量比较敏感和环保要求较高的区域需慎重考虑。

海水脱硫相关技术规范有《火电厂烟气脱硫技术规范　海水法》（HJ 2046—2014）、《燃煤烟气脱硫设备　第 3 部分：燃煤烟气海水脱硫设备》（GB/T 19229.3—2012）、《火电厂烟气海水脱硫工程调整试运及质量验收评定规程》（DL/T 5436—2009）和《海水水质标准》（GB 3097—1997）等。

33．100 MW 及以上燃煤火电厂烟气中氮氧化物达标有哪些可行技术？

《火电厂大气污染物排放标准》（GB 13223—2011）对燃煤锅炉氮氧化物 NO_x 浓度限值为 100 mg/m^3（执行大气污染物特别排放限值时也同为 100 mg/m^3），但采用 W 型火焰炉膛的火力发电锅炉、现有循环流化床火力发电锅炉，以及 2003 年 12 月 31 日前建成投产或通过建设项目环境影响报告书审批的火力发电锅炉执行 200 mg/m^3 的限值。《火电行业排污许可证申请与核发技术规范》表 5 只给出了 NO_x 浓度限值为 100 mg/m^3 时的可行技术，对于执行限值为 200 mg/m^3 时的可行技术不得而知。

环保部以部公告 2017 年第 21 号发布了《火电厂污染防治可行技术指南》（HJ 2301—2017），并于 2017 年 6 月 1 日起实施，其内容回答了以上问题。

锅炉低氮燃烧技术应作为火电厂 NO_x 控制的首选技术，与烟气脱硝技术配合

使用实现 NO_x 达标排放或超低排放。烟气脱硝技术主要有选择性催化还原技术（SCR）、选择性非催化还原技术（SNCR）和 SNCR-SCR 联合脱硝技术。

NO_x 达标可行技术选择时，应首先考虑低氮燃烧技术。选择低氮燃烧技术时，应综合考虑锅炉效率、着火稳燃、燃尽、结渣、腐蚀等因素。选择烟气脱硝技术时，煤粉炉优先选择 SCR 技术，循环流化床锅炉优先选择 SNCR 技术，中小型机组因空间限制无法加装大量催化剂时宜采用 SNCR-SCR 联合脱硝技术。

火电厂 NO_x 达标排放可行技术

燃烧方式	煤种		锅炉容量/MW	低氮燃烧控制炉膛 NO_x 浓度上限值/（mg/m³）	达标可行技术	
					排放浓度≤200 mg/m³	排放浓度≤100 mg/m³
切向燃烧	无烟煤		所有容量	950	SCR（2+1）	SCR（3+1）
	贫煤			900		
	烟煤	$20\% \leqslant V_{daf} \leqslant 28\%$	≤100	400	SCR（1+1）或+SNCR	SCR（2+1）
			200	370		
			300	320		
			≥600	310		
		$28\% \leqslant V_{daf} \leqslant 37\%$	≤100	320		
			200	310		
			300	260		
			≥600	220		
		$37\% < V_{daf}$	≤100	310		
			200	260		
			300	220		
			≥600	220		
	褐煤		≤100	320		
			200	280		
			300	220		
			≥600			
墙式燃烧	无烟煤		目前尚无此类情况			
	贫煤		所有容量	670	SCR（2+1）	SCR（3+1）
	烟煤	$20\% \leqslant V_{daf} \leqslant 28\%$		470		
		$28\% \leqslant V_{daf} \leqslant 37\%$		400	SCR（1+1）或+SNCR	SCR（2+1）
		$37\% < V_{daf}$		280		
	褐煤			280		

燃烧方式	煤种	锅炉容量/MW	低氮燃烧控制炉膛 NO_x 浓度上限值/（mg/m^3）	达标可行技术	
				排放浓度≤200 mg/m^3	排放浓度≤100 mg/m^3
W 型火焰燃烧	无烟煤	所有容量	1 000	SCR（3+1）	SCR（4+1）
	贫煤		850		
CFB	烟煤、褐煤		200	SNCR	
	无烟煤、贫煤		150		

注：（1）SCR 技术单层催化剂脱硝效率按 60%，两层催化剂脱硝效率按 75%～85%考虑，三层催化剂脱硝效率按 85%～92%考虑；（2）SNCR-SCR 技术脱硝效率一般按 55%～85%考虑；（3）SCR（*n*+1），其中 *n* 代表催化剂层数，取值 1～4，1 代表预备用催化层安装空间。

34．什么是 SNCR 和 SCR 脱硝技术？

选择性非催化还原法技术（Selective Non-Catalytic Reduction，SNCR）是将氨水（质量浓度为 15%～25%）或尿素溶液（质量浓度为 30%～50%）作为还原剂，通过雾化喷射系统直接喷入分解炉合适温度区域（850～1 050℃），雾化后的氨与 NO_x 进行选择性非催化还原反应，将 NO_x 转化成无污染的 N_2。氨水作为还原剂时适宜温度在 870～1 000℃时，脱硝率为 50%～85%，其中反应温度为 960℃；尿素作为还原剂时温度在 930～1 050℃时，脱硝率为 40%～80%，反应温度为 1 000℃。

SNCR 技术是已投入商业运行的比较成熟的烟气脱硝技术，建设周期短、投资少、脱硝效率中等，比较适合于中小型电厂改造项目。20 世纪 70 年代，SNCR 技术首先在日本投入商业应用。由于 SNCR 技术的 NO_x 脱除率较低（<30%），而氨的逃逸率却较高，因此，目前世界上大型电站锅炉单独使用 SNCR 技术的较少，绝大部分是将 SNCR 技术和其他脱硝技术联合应用，如 SNCR 和低氮燃烧技术联合，以及 SNCR-SCR 混合技术等。此外，SNCR 还与低 NO_x 燃烧器和再燃烧技术等联合应用。

选择性催化还原法技术（Selective Catalytic Reduction，SCR）是指在催化剂的作用下，利用还原剂（如 NH_3、液氨、尿素）来“有选择性”地与烟气中的 NO_x 反应并生成无毒无污染的 N_2 和 H_2O。在没有催化剂的情况下，还原反应只在很窄的温度范围内（850～1 100℃）进行，采用催化剂后使反应活化能降低，可在较低温度（300～400℃）条件下进行，目前国内外SCR系统多采用高温催化剂，反应温度在315～400℃；选择性是指在催化剂的作用和氧气存在的条件下，NH_3优先与NO_x发生还原反应，而不和烟气中的氧进行氧化反应。

首先由美国的Engelhard公司发现并于1957年申请专利，后来日本在该国环保政策的驱动下，成功研制出了现今被广泛使用的 V_2O_5/TiO_2 催化剂，并分别在1977年和1979年在燃油和燃煤锅炉上成功投入商业运用。SCR技术对锅炉烟气NO_x控制效果十分显著、技术较为成熟，目前已成为世界上应用最多、最有成效的一种烟气脱硝技术。合理的布置及温度范围下，可达到80%～90%的脱除率。

上述脱硝工艺中添加的化学品，如液氨、尿素、氨水和脱硝催化剂V_2O_5/TiO_2等，应作为“主要原辅材料及燃料”中的辅料必填项予以填报。

35．烟气循环流化床是如何实现脱硫脱氮的呢？

国家排污许可申请子系统把“烟气循环流化床”作为污染治理设施工艺下拉菜单中的一个选项。那么烟气循环流化床是如何实现脱硫脱氮的呢？

循环流化床锅炉技术是一项高效低污染清洁燃烧技术。国际上这项技术在电站锅炉、工业锅炉和废弃物处理利用等领域已得到广泛的商业应用，并向几十万千瓦级规模的大型循环流化床锅炉发展；国内在这方面的研究、开发和应用也逐渐兴起，已有上百台循环流化床锅炉投入运行或正在制造之中。

循环流化床锅炉脱硫是一种炉内燃烧脱硫工艺，以石灰石为脱硫吸收剂，燃煤和石灰石自锅炉燃烧室下部送入，一次风从布风板下部送入，二次风从燃烧室中部送入。石灰石受热分解为氧化钙和二氧化碳。气流使燃煤、石灰颗粒在燃烧室内强烈扰动形成流化床，燃煤烟气中的SO_2与氧化钙接触发生化学反应被脱除。为了提高吸收剂的利用率，将未反应的氧化钙、脱硫产物及飞灰送回燃烧室参与循环利用。流化床燃烧方式脱硫率可达80%～95%，NO_x排放可减少50%。

高效脱硫：由于飞灰的循环燃烧过程，床料中未发生脱硫反应而被吹出燃烧室的石灰石、石灰能送回至床内再利用；另外，已发生脱硫反应部分，生成了硫酸钙的大粒子，在循环燃烧过程中发生碰撞破裂，使新的氧化钙粒子表面又暴露于硫化反应的气氛中。这样循环流化床燃烧与鼓泡流化床燃烧相比脱硫性能大大改善。当钙硫比为 1.5～2.0 时，脱硫率可达 85%～90%。而鼓泡流化床锅炉，脱硫效率要达到 85%～90%，钙硫比要达到 3～4，钙的消耗量大一倍。与煤粉燃烧锅炉相比，不需采用尾部脱硫脱硝装置，投资和运行费用都大为降低。

氮氧化物（NO_x）排放低，氮氧化物排放低是循环流化床锅炉另一个非常吸引人的特点。运行经验表明，循环流化床锅炉的 NO_x 排放范围为 50～150 mg/m^3。循环流化床锅炉 NO_x 排放低是由于以下两个原因：一是低温燃烧，此时空气中的氮一般不会生成 NO_x；二是分段燃烧，抑制燃料中的氮转化为 NO_x，并使部分已生成的 NO_x 得到还原。

36．燃煤锅炉烟气中汞及其化合物达标有哪些可行技术？

《火电厂大气污染物排放标准》（GB 13223—2011）对燃煤锅炉汞及其化合物浓度限值为 0.03 mg/m^3（执行大气污染物特别排放限值时同为 0.03 mg/m^3）。《火电行业排污许可证申请与核发技术规范》表 5 给出了其达标可行技术，即“采用烟气脱硝＋静电除尘/布袋除尘＋湿法烟气脱硫的组合技术进行协同控制，如采用协同控制还未达标，可采用炉内添加卤化物等和烟道喷入活性炭吸附剂”。

《火电厂污染防治可行技术指南》（HJ 2301—2017）还指出“燃煤电厂除尘、脱硫和脱硝等环保设施对汞的脱除效果明显，大部分电厂都可达标，对于个别燃烧高汞煤、汞排放超标的电厂，可以采用单项脱汞技术”。

由于汞及其化合物、林格曼黑度采用的是协同治理措施，因此在排污许可申报系统中要求：其污染治理设施编号应填“无”或“/”，并在“污染治理设施其他信息”中备注“协同处理”。

37．排放口类型及排污许可要求是什么？

“行业排污许可证申请与核发技术规范”把排放口类型分为外排口、设施与车间排放口，其中外排口又分为主要排放口和一般排放口。火电企业主要排放口包括锅炉烟囱、燃气轮机组烟囱，一般排放口包括输煤转运站排气筒、采样间排气筒和废水排放口；造纸企业主要排放口为碱回收炉废气排放口、锅炉废气排放口和废水排放口，一般排放口为石灰窑和焚烧炉废气排放口。

对废气主要排放口，企业应详细填报排放口具体位置、排气筒高度、排气筒出口内径等信息，须申报行业规范中所有污染因子的许可排放浓度和主要污染因子许可排放量；废气一般排放口由企业在申请排污许可证阶段自行申报，按照相应的污染物排放标准进行管控，但水泥和钢铁企业废气一般排放口须申报污染因子的许可排放浓度和主要污染因子许可排放量。对废水主要排放口须申报行业规范中所有污染因子的许可排放浓度和主要污染因子的许可排放量；废水一般排放口只申请各项水污染因子许可排放限值，但对于有水环境质量改善需求的或者地方政府有要求的，须申报各项水污染因子许可排放量。

38．无组织排放和一般排放口的申请要求是什么?

《大气污染物综合排放标准》（GB 16297—1996）对无组织排放的定义，指大气污染物不经过排气筒的无规则排放，低矮排气筒的排放属有组织排放。无组织排放通常包括面源、线源和点源等，如露天堆放的煤炭、黏土、石灰石、油漆件表面的散失物等，均属面源的无组织排放；汽车在有散状物料的道路上行驶时的卷带扬尘污染物排放属于线源污染；散状物料在汽车装料机械落差起尘量以及汽车卸料时的扬尘污染排放等都属于点状无组织排放源。

排污单位按照相关法律法规、规章和技术标准规范等，对无组织排放源产生的污染物进行收集并经低矮排气筒排放，划归为一般排放口进行管理，并执行相应的污染物排放标准。对于一般排放口，主要污染因子为颗粒物时，若执行GB 16297—1996，除确定许可排放浓度120 mg/m^3 以外，还应补充排放速率要求。

上海某电力企业，除条形煤场和卸煤码头为无组织排放外，其他为有组织一般排放口，包括3个灰库、12个筒仓、8个转运站、6个石灰石粉仓、1个入厂采样间，共30个废气一般排放口，均要求在国家排污许可申请子系统中予以填报。排污单位申请时，若忽略或疏漏哪怕是一个很小的排放口，导致排污许可证副本没有载明此项内容，则生产时此排放口的排污行为就属于非法排污，将面临法律的处罚。因此，排污单位在填报排污许可证申请材料时，除填报主要排污口的排放信息外，更重要的是要特别注意填报全部的无组织排放源和所有的一般排放口的排放信息。

39. 如何确定废气排放口数量?

发电机组与废气排放口数量计列有一个发展演变过程。过去没要求安装烟气排放连续监测系统或烟气在线监测系统（Continuous Emission Monitoring System，CEMS）时，一个烟囱就是一个废气排放口，地方环保部门按烟囱数量对排放口进行编号。现在每台机组废气出口处安装了CEMS后，废气排放口数量就变得模棱两可了，如2台机组废气出口处分别安装了CEMS时，可计列2个废气排放口，但有时地方环保部门只给出一个排放口编号。鉴于此，排污许可申报时，建议根据在线监控点对应填报废气排放口（或按CEMS数量确定废气排放口数量），即每台机组尽量分开填报，便于后期统计废气排放数据时能判断废气可能超标的机组，也便于对应CEMS分别填报自行监测要求。

40. 经厂内污水处理站处理后排至外环境，应如何选择排放去向?

“行业排污许可证申请与核发技术规范”及国家排污许可申请子系统中规定的废水排放去向包括：不外排，排至厂内综合污水处理站，直接进入海域，直接进入江河、湖、库等水环境，进入城市下水道（再入江河、湖、库），进入城市下水道（再入沿海海域），进入城市污水处理厂，直接进入污灌农田，进入地渗或蒸发地，进入其他单位，工业废水集中处理厂，其他（包括回喷、回填、回灌、回用等）。同时对于工艺、工序产生的废水，“不外排”指全部在工序内部循环使用，“排至厂内综合污水处理站”指工序废水经处理后排至综合处理站。对于综合污水处理站，“不外排”指全厂废水经处理后全部回用不排放。

经厂内污水处理站处理的废水排至河流的情况，应选填“直接进入江河、湖、库等水环境”或相关信息等，以实现后续主要排放口和一般排放口的填报。如果选择“排至厂内综合污水处理站”，则排放口选项处提示“只能选择设施或车间排放口”，而不能选择主要排放口或一般排放口。

火电厂脱硫废水，可通过在排放去向中填报“排入厂内污水处理站”或“其他”选项来实现其设施或车间排放口的管控。同时，对于脱硫废水还外排入河流的情况，还需要增填一项脱硫废水排放情况，此时排放去向选择“直接进入江河、湖、库等水环境”或相关信息等，排放口选择“一般排放口”。另外，自备电厂废水排至主行业污水处理站的，仅说明去向，待主行业申请许可证时，按照相应行业技术规范再行填报。

41. 废水间接排放及相关许可要求是什么?

间接排放是指排污单位向公共污水处理系统排放污染物的行为，而公共污水处理系统指通过纳污管道等方式收集废水，为两家以上排污单位提供废水处理服务的企业或机构，包括各种规模和类型的城镇污水处理厂、区域（包括各类工业园区、开发、工业聚集地等）废水处理厂。对于废水排入其他生产类企业综合污水处理站处理的也属于间接排放行为。

“行业排污许可证申请与核发技术规范”规定，废水排入公共污水处理系统的（“行业排污许可证申请与核发技术规范”中称“集中式污水处理设施”），许可排放浓度按照国家或地方污染物排放标准确定；对于国家或地方污染物排放标准没有明确规定的，按照《污水综合排放标准》（GB 8978—1996）中的三级排放限值、《污水排入城镇下水道水质标准》（GB/T 31962—2015），以及其他有关标准从严确定。《制浆造纸工业污染物排放标准》（GB 3544—2008）规定，间接排放一般污染物由企业与城镇污水处理厂根据其污水处理能力商定或执行相关标准。

环保部《关于印发〈国家排放标准中水污染物监控〉方案的通知》（环科函〔2009〕52号）：取消由排污企业、排污项目建设单位与公共污水处理系统运营单位（城镇污水处理厂等）商定其间接排放一般污物排放控制要求的规定；根据污染源排放污染物的特点和公共污水处理系统的处理能力，比照一般污染物的直接排放限值，按一定比例关系（130%～200%）增设适用于向公共污水处理系统排放水污染物情形的间接排放限值。由此，有些省市据此会出台相关的与GB 3544—2008和“行业排污许可证申请与核发技术规范”不一致的规定，如广东省环保厅《广东省环境保护厅关于珠海红塔仁恒纸业有限公司排放标准的复函》（粤环函〔2014〕98号）规定，企业向公共污水处理设施排放一般污染物，根据环评批复及国家和省市有关文件、政策要求执行相关标准。

对于废水排入其他企业处理的，在“废水类别、污染物及污染治理设施信息表”中可仅写明去向，若处理协议写明排水要求，还应在后续表格中填报相关信息；对于接纳其他企业废水的，须增加相应废水来源；在“废水间接排放口基本情况表”中应写明受纳污水处理厂或受纳生产企业执行的外排浓度限值。

42. 初期雨水和生活污水应纳入排污许可范围吗?

《造纸行业排污许可申请与核发技术规范》要求对造纸企业初期雨水和生活污水都纳入排污许可管理；《火电行业排污许可申请与核发技术规范》要求对生活污水纳入排污许可管理，但没有要求将初期雨水纳入排污管理。

初期雨水一般指下雨时的前 15 min 左右的雨水，因其含有较多污染物，必须经收集并处理后才能排放。初期雨水的收集主要靠人工操作方式，实现清污分流，即在开始下雨时，将通往市政管网的沟堵住，打开通向初期雨水的沟闸门使初期雨水进入污水收集池，15 min 左右后，关闭此闸门，打开另外与清净水市政管网相通的闸门，使大量雨水排至厂外。通过雨水明渠引流至收集池的初期雨水，进入厂污水处理设施进行处理，有的企业也可能接入污水市政管网。初期雨水接入市政管网必须符合《污水排入城镇下水道水质标准》（GB/T 31962—2015）要求。

《造纸行业申请与核发规范技术规范》没有给出初期雨水和生活污水的主要污染因子，只是《火电行业排污许可申请与核发技术规范》表 1 和表 6 中给出了生活污水的主要污染因子 COD、氨氮和 SS 等（注：还可以包括粪大肠菌群等），可以作为造纸行业生活污水填报参考。初期雨水污染因子较复杂，但排污许可申报时可以考虑 COD、油类、氨氮和 SS 等。初期雨水和生活污水经处理后外排入环境执行《污水综合排放标准》（GB 8978—1996）。

43. 如何许可废水中有毒污染物排放限值?

废水中的污染物包括一般污染物（也称第一类污染物）和有毒污染物（也称第二类污染物）。对企业直接和间接排放有毒污染物的行为，在车间或生产设施废水排放口执行统一的排放限值，若外排，还必须按外排标准进行监控［《污水综合排放标准》（GB 8978—1996）］。火电企业脱硫废水中的总砷、总铅、总汞、总镉等重金属污染物属于有毒污染物，具备条件的企业应申报其相关许可信息。实际操作为填报一个车间排放口，对车间排放口进行监测。

第六章
大气污染物排放信息—排放口

44. 如何用手机获取申报材料中的精确经纬度?

国家排污许可申请子系统中要求填报排污单位厂区中心、废气排放口、废水排放口等位置的经纬度坐标，同时申请子系统中链接了 GIS 系统，可以直接从 GIS 系统中提取。有的排污单位在 GIS 系统中没有被标注，其厂区中心、废气排放口、废水排放口等更精确的经纬度更不可能提取到。可以用手机下载能够直接读取经纬度的手机应用软件（如 GPS 工具箱等），或者下载手机拍照软件（如魅拍等）获取精确经纬度坐标。当手动获取坐标信息后，手动录入 GIS 界面右上角的位置信息栏，然后点击“定位”，GIS 系统界面对应出现绿色的圆点（附近红色圆点是排污单位基本信息表中厂区中心坐标点），若圆点所在位置与拟填报的废气排放口、废水排放口及废水入河等位置一致，则点击“确定”完成坐标的手动填报。

45. 如何确定矩形烟囱或排气筒的出口内径?

国家排污许可申请子系统中，排污单位应详细填报废气主要排放口具体位置、排气筒高度、排气筒出口内径等信息。《固定污染源烟气排放连续监测技术规范》（HJ/T 77—2007）第 6.2.2 条也规定，对于颗粒物 CEMS 系统，应设置在距弯头、阀门、变径下游方向不小于 4 倍烟道直径，以及距上述部件上游方向不小于 2 倍烟道直径处；对于气态污染物 CEMS 系统，应设置在距弯头、阀门、变径下游方向不小于2倍烟道直径，以及距上述部件上游方向不小于0.5倍烟道直径处。

实际中，有时排气筒不是圆形，而是矩形（长宽$A \times B$），此时应如何填报排气筒出口内径？应如何按烟道直径来确定CEMS系统安装位置？可以采用等效或当量内径值。标准HJ/T 77中规定，等效或当量内径值$D=2AB/(A+B)$。有时，也采取直接按等效面积计算得到等效半径，再换算成等效直径的方法。

46．燃煤发电机组及锅炉超低排放浓度限值是多少？

环保部、发改委、能源局发布的《关于实行燃煤电厂超低排放电价支持政策有关问题的通知》（发改价格〔2015〕2835号）、《全面实施燃煤电厂超低排放和节能改造工作方案》（环发〔2015〕164号）和《火电厂污染防治可行技术指南》（HJ 2301—2017）都指出，超低排放是指燃煤发电机组大气污染物排放浓度基本符合燃气机组排放限值要求，即在基准含氧量6%条件下，烟尘、二氧化硫、氮氧化物排放浓度（标态）分别不高于10 mg/m^3、35 mg/m^3、50 mg/m^3。

国家要求30万kW及以上公用燃煤发电机组、10万kW及以上自备燃煤发电机组（暂不含W型火焰锅炉和循环流化床锅炉）实施超低排放改造。进一步提高小火电机组淘汰标准，对经整改仍不符合能耗、环保、质量、安全等要求的，由地方政府予以淘汰关停；优先淘汰改造后仍不符合能效、环保等标准的30万kW以下机组，特别是运行满20年的纯凝机组和运行满25年的抽凝热电机组；列入淘汰方案的机组不再要求实施超低排放改造。

对于列入超低排放改造的燃煤锅炉，不管执行《火电厂大气污染物排放标准》（GB 13223—2011），还是执行《锅炉大气污染物排放标准》（GB 13271—2014），其最后执行的超低排放限值均为颗粒物不超过10 mg/m^3、二氧化硫不超过35 mg/m^3、氮氧化物不超过50 mg/m^3。

《中共乐山市委办公室　乐山市人民政府办公室关于印发〈乐山市环境污染防治“四大战役”实施方案〉的通知》（乐委办〔2017〕18号）规定“2017年9月底前淘汰中心城区主城区范围内燃煤锅炉，县（市、区）于2017年12月底前淘汰10蒸吨/小时及以下燃煤锅炉。2018年6月底前完成20蒸吨/小时及以上燃煤锅炉改电、改气或超净排放提标升级改造”，同时乐山市环保局还进一步明确了燃煤锅炉超低排放许可浓度限值要求，即颗粒物、二氧化硫、氮氧化物排放浓度（标态）分别不高于 10 mg/m^3、35 mg/m^3、50 mg/m^3，并对其排放浓度限值和总量指标要求纳入本次排污许可证副本载明内容中予以许可。

47. 包装印刷业如何申请与核发挥发性有机物（VOCs）排放限值？

排污许可申请与核发子系统中设置有挥发性有机物（VOCs）的申请与核发排放限值，一般情况下不需申请，但地方环保局另有要求时，需从其规定。对于没有发布相关地方排放标准的省（市），应如何申请与核发包装印刷业 VOCs 排放限值呢？

广东省在 2010 年率先发布了《印刷业挥发性有机物排放标准》（DB 44/815 — 2010）。2015 年上海市、北京市相继发布了《印刷业挥发性有机物排放标准》（DB 31/872—2015）和《印刷业挥发性有机物排放标准》（DB 11/ 1201—2015）标准。2017 年重庆市、四川省相继发布了《包装印刷业大气污染物排放标准》（DB 50/758 —2017）和《四川省固定污染源大气挥发性有机物排放标准》（DB 51/2377 —2017）。

广东省《印刷业挥发性有机物排放标准》（DB 44/815—2010）对印刷生产活动中使用的处于即用状态的印刷油墨挥发性有机物含量限值进行了规定。规定印刷生产活动中，设备或车间排气筒排放的 VOCs 浓度限值为 80 mg/m^3、120 mg/m^3 或 180 mg/m^3，无组织排放监控点 VOCs 浓度限值为 2.0 mg/m^3。

上海市《印刷业挥发性有机物排放标准》（DB 31/872—2015）对印刷生产活动中使用的处于即用状态的印刷油墨挥发性有机物含量限值进行了规定。以非甲烷总烃（NMHC）作为排气筒、厂界大气污染物监控、厂区内大气污染物监控点以及污染物回收净化设施去除效率的挥发性有机物的综合性控制指标，且规定车间或生产设施排气筒排放的挥发性有机物 NMHC 浓度限值为 50 mg/m^3，无组织排放监控点边界挥发性有机物 NMHC 浓度限值为 4.0 mg/m^3。

北京市《印刷业挥发性有机物排放标准》（DB 11/1201—2015）对印刷生产活动中使用的处于即用状态的印刷油墨挥发性有机物含量限值进行了规定。使用 NMHC 作为排气筒及无组织挥发性有机物排放的综合控制指标，且规定印刷生产活动中，设备或车间排气筒排放的挥发性有机物 NMHC 浓度限值为 30 mg/m^3，无组织排放监控点厂界挥发性有机物NMHC浓度限值为1.0 mg/m^3，印刷生产场所为3.0 mg/m^3。

重庆市《包装印刷业大气污染物排放标准》（DB 50/758—2017）对印刷生产活动中使用的处于即用状态的印刷油墨挥发性有机物含量限值进行了规定。对排气筒、厂界大气污染物监控、厂区内大气污染物监控点以及污染物回收净化设施去除效率，以NMHC作为挥发性有机物的综合性控制指标，以涵盖该行业主要特征性挥发性有机物作为辅助性控制指标，且规定车间或生产设施排气筒排放的挥发性有机物NMHC主城区浓度限值为100 mg/m^3，其他区域为120 mg/m^3（现有源自2018年7月1日起按第Ⅱ时段标准，主城区为60 mg/m^3，其他区域为80 mg/m^3）。无组织排放监控点厂界挥发性有机物NMHC浓度限值为4.0 mg/m^3，生产场所为6.0 mg/m^3。

《四川省固定污染源大气挥发性有机物排放标准》（DB 51/2377—2017）对印刷业中印刷、烘干工艺设施排气筒挥发性有机物（VOCs、苯、甲苯、二甲苯等）最高允许排放限值进行了规定，其中VOCs为必须控制项目，控制浓度为80 mg/m^{3}或60 mg/m^3。无组织排放监控点VOCs浓度限值为2.0 mg/m^3。

从北京、上海、重庆市发布的标准看，都明确“以非甲烷总烃（NMHC）作为排气筒、厂界大气污染物监控、厂区内大气污染物监控点挥发性有机物的综合性控制指标”。广东、四川均直接以VOCs作为综合性控制指标。

因此，对于没有发布包装印刷业VOCs地方排放标准的省市，如果要求申请VOCs排放限值，可以NMHC作为排气筒、厂界大气污染物监控点VOCs的综合性控制指标，并执行《大气污染物综合排放标准》（GB 16297—1996）中有组织排放NMHC浓度限值为120 mg/m^3，无组织排放监控点厂界NMHC浓度限值为4.0 mg/m^3。

48. 使用生物质成型燃料的锅炉废气污染物执行什么排放标准？

生物质成型燃料（BMF）为采用农林废弃物（秸秆、稻壳、木屑、树枝等）为原料，通过专门设备在特定工艺条件下加工制成的棒状、块状或颗粒状燃料，可有效改善农林废弃物的燃烧性能，其硫、氮和灰分含量较低，在配套的专用燃烧设备上应用，可实现清洁、高效燃烧，产生的二氧化硫、氮氧化物和烟尘较少，不属于高污染燃料。（摘自环办函〔2009〕797号《关于生物质发电项目废气排放

执行标准问题的复函》）

环境保护部《高污染燃料目录》（国环规大气〔2017〕2 号）指出，生物质成型燃料属于可再生能源，鼓励使用，但在当前生物质成型燃料工业化标准体系尚未建立，缺乏设备、产品、工程技术标准和规范的情况下，燃用生物质成型燃料还存在不少问题。因此，在第Ⅲ类最严格的管控要求下，对生物质成型燃料的燃用方式进行了规范，即要求必须在配置袋式除尘器等高效除尘设施的生物质成型燃料专用锅炉中燃烧。对于生物质成型燃料，绝对不是要禁止或限制使用，相反在规范的燃用方式下，是鼓励发展的。

《锅炉大气污染物排放标准》（GB 13271—2014）指出，使用型煤、水煤浆、煤矸石、石油焦、油页岩、生物成型燃料等的锅炉，参照本标准中燃煤锅炉排放标准要求执行。《火电厂大气污染物排放标准》（GB 13223—2011）指出，单台出力 65 t/h 以上采用煤矸石、油页岩、石油焦、生物质等燃料的发电锅炉，参照本标准中循环流化床火力发电锅炉的污染物排放控制要求执行（注："行业排污许可证申请与核发技术规范"规定生物质发电锅炉，可以参照循环流化床锅炉绩效值测算许可排放量）。环境保护部《关于生物质发电项目废气排放执行标准问题的复函》（环函〔2011〕345 号）指出，单台出力 65 t/h 以上的生物质发电锅炉按其燃料种类和燃烧方式执行《火电厂大气污染物排放标准》（GB 13223—2011）中对应的排放限值：若采用直接燃烧方式的，执行燃煤锅炉的排放限值；若采用气化发电方式的，执行其他气体燃料锅炉或燃气轮机组的排放限值。

49．造纸行业碱回收炉废气污染物执行什么排放标准？

造纸制浆过程中产生的黑液包含有机物（主要成分为木素、半纤维素等）和无机物，经蒸发浓缩后通过碱回收炉将其燃烧，产生蒸汽或发电。考虑到碱回收炉与一般燃煤发电锅炉的差异性，以及目前工艺技术现状与氮氧化物排放实际情况，65 t/h 以上碱回收炉可参照《火电厂大气污染物排放标准》（GB 13223—2011）中现有循环流化床火力发电锅炉的排放控制要求执行；65 t/h 及以下碱回收炉参照《锅炉大气污染物排放标准》（GB 13271—2014）中生物质成型燃料锅炉的排放控制要求执行。以上规定与《造纸行业排污许可证申请与核发技术规范》第二、

(二)、1、(2)节要求完全一致。(环函〔2014〕124号《关于碱回收炉烟气执行排放标准有关意见的复函》)

GB 13271—2014在其适用范围内规定“使用型煤、水煤浆、煤矸石、石油焦、油页岩、生物质成型燃料等的锅炉，参照本标准中燃煤锅炉排放控制要求执行”。

另外，根据《造纸行业排污许可证申请与核发技术规范》，碱回收炉只需申请废气中颗粒物、二氧化硫和氮氧化物三项污染指标的许可排放浓度和氮氧化物的许可排放量。

50．如何申请废气污染物排放速率限值?

根据《火电行业排污许可证申请与核发技术规范》和《造纸行业排污许可证申请与核发技术规范》，许可排放限值包括污染物许可排放浓度和许可排放量(注：没有提及许可排放速率)，且《锅炉大气污染物排放标准》(GB 13271—2014)和《火电厂大气污染物排放标准》(GB 13223—2011)中均没有许可排放速率限值的规定，相反GB 13223—2011较先前版本还取消了全厂二氧化硫最高允许排放速率的规定。因此，火电和造纸行业填报“大气污染物排放信息—排放口”(废气污染物排放执行标准信息表)时，在“速率限值(kg/h)”栏应填“/”。

对于有组织排放一般排放口，主要污染因子为粉尘或颗粒物，且执行《大气污染物综合排放标准》(GB 16297—1996)时，既要申请与核发许可排放浓度，又要申请与核发排放速率。

第七章
大气污染物排放信息—有组织排放信息

51．许可排放量中的第 1 年、第 2 年、第 3 年具体指什么时间段？

许可排放量的第 1 年、第 2 年、第 3 年等是根据排污许可证的有效期确定的。根据《排污许可证管理暂行规定》（环水体〔2016〕186 号）第二十九条规定“排污许可证自发证之日起生效。按本规定首次发放的排污许可证有效期为三年，延续换发排污许可证有效期为五年”。第 1 年、第 2 年、第 3 年等许可排放量（即年许可排放量）的有效周期以许可证核发时间起算，滚动 12 个月。

52．什么是火电企业排放绩效法？

发电锅炉、燃气轮机组 SO_2、NO_x、颗粒物的年许可排放量，根据机组装机容量和年利用小时数，采用排放绩效法测算。排放绩效按照《火电厂大气污染物排放标准》（GB 13223—2011），根据达到排放标准、特别排放限值要求进行确定。有地方排放标准的，按照地方排放标准对应的排放绩效测算。原则上，年利用小时数按照 5 000 h 取值；自备发电机组和严格落实环境影响评价审批热负荷的热电联产机组按 5 500 h 取值；若企业可提供监测数据等材料证明自备发电机组和热电联产机组前三年平均利用小时数确大于 5 500 h 的，可按照前三年平均数取值；对于不联网的自备热电机组，可以根据供热的主体设施运行小时数取值。具备有效在线监测数据的，企业也可以前一自然年实际排放量为依据申请年许可排放量，其中浓度限值超标或者监测数据缺失时段的排放量不得计算在内。

53．什么是火电机组的年运行小时数和年利用小时数?

《火电行业排污许可证申请与核发技术规范》规定，发电锅炉、燃气轮机组二氧化硫、氮氧化物和颗粒物的许可排放量根据机组装机容量和年利用小时数，采用排放绩效法测量。

运行小时数指发电机并网到解列这段运行期间的天然小时数，统计口径一般是月度或者年度。但是发电机的负荷是变化的，要折合成额定功率下的运行小时，就有了利用小时数这个概念。发电机组年利用小时数就是机组实际发电量折合为额定容量的运行小时数，即单机实际发电量（万 kWh）/单机铭牌容量（万 kW）。例如，300 MW 机组，年运行小时数就是机组的年发电量（万 kWh）÷30 万 kWh。

54.锅炉发电、燃气轮机发电、热电联产及相关的排污许可参数选择问题?

锅炉是燃用燃料（燃气、燃油、燃煤等）的热力设备，仅用来产生热水或蒸汽，过热蒸汽若送往汽轮机，汽轮机转动带动发电机发电。废气由锅炉烟囱排放。

燃气轮机是一种以连续流动的气体作为工质、把热能转换为机械功的旋转式动力机械，可以用来发电，以及供热。压气机从外界大气环境吸入空气，并经过轴流式压气机逐级压缩使之增压，同时空气温度也相应提高；压缩空气被压送到燃烧室与喷入的燃料混合燃烧生成高温高压的气体；然后再进入透平中膨胀做功，推动透平带动压气机和外负荷转子一起高速旋转，实现了气体或液体燃料的化学能部分转化为机械功，并输出电功。从透平中排出的废气排至大气自然放热。由于体积小、重量轻、启动快、安装快，用水少或不用水，能使用多种液体和气体燃料，在发电上多用于调峰。成都爱依斯凯华燃机发电有限公司（金堂县）安装了一套美国普惠公司生产的 FT 8 燃气轮机发电机组，装机容量为 50 MW，是四川第一家引进外资的燃机调峰电厂。轻型燃气轮机发电机组主要用于油田、发电厂、电信大楼、高层建筑、酒店、生活小区、商场、医院、军队、会议中心、偏远地区、海岛等重要场所必需的备用电源及作为紧急事件、野外作业等必需的移动电源。

对于燃烧天然气，或其他气体的蒸汽发电锅炉，在选择《火电厂大气污染物排放标准》（GB 13223—2011）中的排放浓度限值时，理应选择锅炉类，而不是燃气轮机组类。

热电联产是指发电厂既生产电能，又利用汽轮发电机做过功的蒸汽对用户供热的生产方式，即同时生产电能、热能的工艺过程，较之分别生产电能、热能方式节约燃料。以热电联产方式运行的火电厂称为热电厂。对外供热的蒸汽源是抽汽式汽轮机的调整抽汽或背式汽轮机的排汽，压力通常分为 0.78～1.28 MPa 和 0.12～0.25 MPa。前者供工业生产，后者供民用采暖。热电联产的蒸汽没有冷源损失，所以能将热效率提高到 85%，比大型凝汽式机组（热效率达 40%）还要高得多。

《火电行业排污许可证申请与核发技术规范》规定，用绩效值法计算排放总量时，热电联产机组的供热部分要折算成发电量，用等效发电量表示。但此时应注意，在计算供热能力时，供热部分的蒸汽温度和蒸汽压力是指由抽汽式汽轮机的抽汽或背式汽轮机的排汽温度和压力，而不是锅炉产生的蒸汽温度和蒸汽压力。当然，锅炉蒸汽产生后直接外供用户的情况，此时供热温度和压力就是锅炉产生的蒸汽温度和蒸汽压力，也要折算为等效发电量参与排放总量的计算。

55．火电企业绩效法年许可量公式中 CAP_i 是指汽轮机还是发电机的装机容量？

《火电行业排污许可证申请与核发技术规范》规定，发电锅炉、燃气轮机组 SO_2、NO_x、颗粒物的许可排放量根据机组装机容量和年利用小时数，采用排放绩效法测算。火电企业绩效法年许可排放量计算公式：

$$M_i = (\mathrm{CAP}_i \times 5\,000 + D_i / 1\,000) \times \mathrm{GSP}_i \times 10^{-3}$$

式中，M_i 为第 i 台机组大气污染物年许可排放量，t；CAP_i 为第 i 台机组的装机容量，MW；GSP_i 为第 i 台机组的排放绩效，g/kWh；D_i 为第 i 台机组供热量折算的等效发电量，kWh。

发电锅炉通过燃烧燃料产生蒸汽，此蒸汽通过管道引到汽轮机，去驱动汽轮机，并从汽轮机中间合适的压力部分抽出一些蒸汽向周围供热用户提供热源。汽轮机转动后再拖动发电机，发电机被驱动后就可以发出电力了。汽轮机额定功率小于发电机功率，可以保证，机械能 100%地传递给发电机，不会产生剩余机械能，导致超速。

《火电行业排污许可证申请与核发技术规范》中的排放绩效法，是按发电机的功率来确定的装机容量，且发电机的装机容量乘以利用小时数算出来的是电量，供热的部分折算为等效发电量，最后通过发电量来计算年许可排放量。通常情况下，汽轮机和发电机的装机容量一致；若是抽凝机组，汽轮机装机容量可能低于发电机的装机容量。不管是哪种情况，火电企业绩效法年许可排放量公式中 CAP_i 是指发电机的装机容量。

56．如何计算热电联产机组的供热部分设计供热能力？

《火电行业排污许可证申请与核发技术规范》规定，用绩效值法计算排放总量时，热电联产机组的供热部分要折算成发电量，用等效发电量表示。计算公式为：

$$D_i = H_i \times 0.278 \times 0.3$$

式中，D_i 为第 i 台机组供热量折算的等效发电量，kWh/a（注：《火电行业排污许可证申请与核发技术规范》中 D_i 单位为 kWh 有误，公式中符号 $H_{热增}$ 有误，实为 H_i）；H_i 为第 i 台机组的设计供热能力，MJ/a，可由过热蒸汽的焓值（kJ/kg）计算得出；系数 0.3，为热能转换为电能的效率，一般取 30%；系数 0.278 为兆焦（MJ）与千瓦时（kWh）的换算系数，即：

$$\frac{1\,\text{MJ}}{1\,\text{kWh}} = \frac{1\,000\,\text{kJ}}{1\,\text{kW} \cdot 3\,600\,\text{s}} = \frac{1\,000}{3\,600}\frac{\text{kJ} \cdot \text{s}^{-1}}{\text{kW}} = \frac{1\,000\,\text{kW}}{3\,600\,\text{kW}} = 0.278$$

蒸汽是比较特殊的介质，一般情况下所说的蒸汽是指过热蒸汽。过热蒸汽是常见的动力能源，常用来带动汽轮机旋转，进而带动发电机或离心式压缩机工作。过热蒸汽是由饱和蒸汽加热升温获得。其中绝不含液滴或液雾，属于实际气体。过热蒸汽的温度与压力参数是两个独立参数，其密度应由这两个参数决定。

在计算供热能力时，供热部分的蒸汽温度和蒸汽压力是指由抽汽式汽轮机的抽汽或背式汽轮机的排汽温度和压力，而不是锅炉产生的蒸汽温度和蒸汽压力。当然，若是锅炉蒸汽产生后直接外供用户的情况，此时供热温度和压力就是锅炉产生的蒸汽温度和蒸汽压力，也要折算为等效发电量参与排放总量的计算。

57. 排放绩效值与排放浓度有直接关系吗?

《火电行业排污许可证申请与核发技术规范》规定：发电锅炉、燃气轮机组 SO_2、NO_x、颗粒物的许可排放量根据机组装机容量和年利用小时数，采用排放绩效法测算。排放绩效值分别按照《火电厂大气污染物排放标准》（GB 13223—2011），根据达到排放标准、特别排放限值要求进行确定。有地方排放标准的，按照地方排放标准对应的排放绩效测算。

表面上看《火电行业排污许可证申请与核发技术规范》中表 2、表 3、表 4 排放绩效值与排放标准没有关系，因而就产生了这样一个问题：某公司三台 220 t/h 煤粉锅炉执行 SO_2 浓度限值为 200 mg/m^3，在用绩效核算总量时却与其他执行 100 mg/m^3 的电厂采用同样的绩效系数吗？事实上，《火电行业排污许可证申请与核发技术规范》中表 2、表 3、表 4 中前三列信息（燃料、地区和适用条件）就决定了唯一的排放标准浓度，即排放绩效值与排放浓度是一对一的映射关系（另外还与装机容量有关）。下面以煤为原料对排放标准限值与排放绩效值进行对应。

火电机组二氧化硫排放浓度与排放绩效值对照表

燃料	地区	适用条件	排放标准/（mg/m^3）	绩效值/（g/kWh）	
				≥750 MW	<750 MW
煤	高硫煤地区	新建锅炉	200	0.7	0.8
		现有锅炉	400	1.4	1.6
	重点地区	全部	50	0.175	0.2
	其他地区	新建锅炉	100	0.35	0.4
		现有锅炉	200	0.7	0.8

火电机组氮氧化物浓度与排放绩效值对照表

燃料	地区	适用条件	锅炉/机组类型	排放标准/（mg/m³）	绩效值/（g/kWh）	
					≥750 MW	＜750 MW
煤	重点地区	全部	全部	100	0.35	0.4
	其他地区	全部	W 型火焰锅炉、现有循环流化床锅炉	200	0.7	0.8
			其他锅炉	100	0.35	0.4

火电机组颗粒物排放浓度与排放绩效值对照表

燃料	地区	排放标准/（mg/m³）	绩效值/（g/kWh）	
			≥750 MW	＜750 MW
煤	重点地区	20	0.07	0.08
	其他地区	30	0.105	0.12

58．2003 年 12 月 31 日前建成投产且不属于循环流化床锅炉火电机组排放绩效值是多少?

根据《火电厂大气污染物排放标准》（GB 13223—2011），2003 年 12 月 31 日前建成投产或通过建设项目环境影响报告书审批的火力发电燃煤锅炉氮氧化物执行 200 mg/m³ 排放限值。根据排放绩效值与排放浓度是一对一的映射关系结论，此时应对应 0.8 的排放绩效值（小于 750 MW 的情况下），但《火电行业排污许可证申请与核发技术规范》表 3 中 0.8 的排放绩效值对应的是现有循环流化床锅炉或 W 型火焰锅炉。如果不是循环流化床锅炉火电机组，其排放绩效值是多少呢？是否应归类于“其他锅炉”而取 0.4 的绩效值呢？《火电行业排污许可证申请与核发技术规范》表 3 备注中已明确规定“2003 年 12 月 31 日之前建成投产或通过建设项目环境影响评价报告书审批的燃煤火力发电锅炉，按照 W 型火焰锅炉、现有循环流化床锅炉对应的排放绩效测算”，因此，2003 年 12 月 31 日前建成投产的任何燃煤锅炉（不管是否是循环流化床锅炉）火电机组排放绩效值仍按“现有循环流化床锅炉”取 0.8 的排放绩效值（小于 750 MW 的情况下）。

59．如何确定煤气锅炉火电机组排放绩效值？

《火电行业排污许可证申请与核发技术规范》规定：发电锅炉、燃气轮机组 SO_2、NO_x、颗粒物的排放绩效分别按照《火电厂大气污染物排放标准》（GB 13223—2011），根据达到排放标准、特别排放限值要求进行确定（《火电行业排污许可证申请与核发技术规范》表 2、表 3、表 4）。有地方排放标准的，按照地方排放标准对应的排放绩效测算。

《火电行业排污许可证申请与核发技术规范》表 2、表 3、表 4 中只有以煤、油和天然气为燃料的排放绩效值，没有以煤气等其他气体为燃料的排放绩效值。此时，可查阅《火电厂大气污染物排放标准》（GB 13223—2011）获得以煤气等其他气体为燃料的排放浓度限值，根据同种燃料排放绩效值与排放浓度一对一的映射关系原则，找到对应的排放绩效值；若没有可对应排放浓度，则可通过同种燃料排放绩效值与排放浓度成比例的原则，等比例扩大或缩小即可获取相应的排放绩效值。总之，同种燃料情况下，二氧化硫、氮氧化物和烟尘的排放绩效值与排放浓度呈一对一的正比例映射关系。

因此，以煤气等其他气体为燃料的燃气锅炉排放绩效值：重点地区为二氧化硫 0.175、氮氧化物 0.25、烟尘 0.017 5；其他地区为二氧化硫 0.5、氮氧化物 0.5、烟尘 0.035。以煤气等其他气体为燃料的燃气轮机组排放绩效值：重点地区为二氧化硫 0.175、氮氧化物 0.125、烟尘 0.017 5；其他地区为二氧化硫 0.5、氮氧化物 0.3、烟尘 0.035。

60．国家对超低排放的许可要求是什么？

国家鼓励企业自愿实施严于许可排放浓度和排放量的行为，以电厂超低排放为例，如果按照当地环境管理要求，企业依据《火电厂大气污染物排放标准》核定许可排放浓度和排放量，企业如自行承诺实行超低排放，许可证当中除核定许可排放量和排放浓度外，还要载明超低排放的浓度限值要求，以及具备达到超低排放标准限值相应的污染治理设施或管理要求等，排污许可证监管执法时，除对照许可排放量和排放浓度落实情况外，还要对超低排放情况进行检查。确能达到超低排放的，可按照规定享受国家和地方环保电价、减征排污费和税收等激励政策。超过许可排放要求的，将予以处罚。

超低排放浓度不属于《火电大气污染物排放标准》（GB 13223—2011）中规定的污染物浓度排放限值，不作为计算许可排放量的依据，不按超低排放浓度要求许可排放量。

企业申请的许可排放浓度限值若低于或严于标准规范（含地方标准等）规定的，排污许可证按照申请的许可排放限值核发，但是要向企业说明不是规范要求按照超低排放核量的。

61．如何计算不同热值燃料的基准烟气量？

《造纸行业排污许可证申请与核发技术规范》在表4中给出了锅炉废气基准烟气量取值表，并在注释中指出燃用其他热值燃料的，可参照《动力工程师手册》进行计算。

根据《动力工程师手册》，不同热值燃料的基准烟气量（V_y，m^3/kg）可按以下公式计算：

燃料为无烟煤、贫煤和烟煤时：

$$V_y = 0.249\frac{Q_{ar \cdot net}}{1\,000} + 0.77 + (\alpha - 1)L_0$$

燃料为$Q_{ar \cdot net}$＜12 540 kJ/kg的劣质煤时：

$$V_y = 0.249\frac{Q_{ar \cdot net}}{1\,000} + 0.54 + (\alpha - 1)L_0$$

液体燃料时：

$$V_y = \frac{0.27Q_{ar \cdot net}}{1\,000} + (\alpha - 1)L_0$$

式中，$Q_{ar \cdot net}$为固体或液体燃料的热值，kJ/kg；α为空气消耗系数；L_0（m^3/kg）根据不同的情况由下式算得：

干燥无灰基挥发分V_{daf}＞15%的煤L_0（m^3/kg）：

$$L_0 = 0.251\frac{Q_{\text{ar}\cdot\text{net}}}{1\,000} + 0.278$$

贫煤及无烟煤（V_{daf}<15%）L_0（m^3/kg）：

$$L_0 = 0.239\frac{Q_{\text{ar}\cdot\text{net}}}{1\,000} + 0.6$$

劣质煤（$Q_{\text{ar}\cdot\text{net}}$ <12 540 kJ/kg）L_0（m^3/kg）：

$$L_0 = 0.239\frac{Q_{\text{ar}\cdot\text{net}}}{1\,000} + 0.45$$

液体燃料 L_0（m^3/kg）：

$$L_0 = 0.203\frac{Q_{\text{ar}\cdot\text{net}}}{1\,000} + 2.0$$

空气消耗系数α为单位燃料实际空气需要量与单位燃料理论空气需要量之比。理想情况下，α=1 即能达到完全燃烧，实际情况下，影响α值的因素很多，α>1 才能完全燃烧。为确保计算的数值与《造纸行业排污许可证申请与核发技术规范》表 4 中给出的基准烟气量取值一致，计算时液体燃料的空气消耗系数α取 1.2，固体燃料空气消耗系数α取 1.7。

62．碱回收炉污染因子如何许可排放浓度与排放量？

根据《造纸行业排污许可证申请与核发技术规范》，造纸企业有组织排放废气主要来源于锅炉、碱回收炉、石灰窑、焚烧炉等，其中锅炉和碱回收炉排放口为主要排放口，石灰窑和焚烧炉排放口为一般排放口。碱回收炉废气主要污染因子为二氧化硫、氮氧化物和颗粒物，需申请碱回收炉废气中二氧化硫、氮氧化物和颗粒物的许可排放浓度（小时浓度）和氮氧化物的年许可排放量。

二氧化硫、氮氧化物和颗粒物许可排放浓度限值执行《关于碱回收炉烟气排放标准有关意见的复函》：考虑到碱回收炉与一般燃煤发电锅炉的差异性，以及目前工艺技术现状与氮氧化物排放实际情况，65 t/h 以上碱回收炉可参照《火电厂大气污染物排放标准》（GB 13223—2011）中现有循环流化床火力发电锅炉的排放控制要求执行；65 t/h 及以下碱回收炉参照《锅炉大气污染物排放标准》

（GB 13271—2014）中生物质成型燃料锅炉的排放控制要求执行。

氮氧化物年许可排放量按《造纸行业排污许可证申请与核发技术规范》中的公式计算，即依据氮氧化物许可排放浓度限值、单位产品排气量和产品产能进行核算。

63．哪些省（直辖市）应实施行业挥发性有机物总量控制？

排污单位应按照“行业排污许可证申请与核发技术规范”申请许可排放量。现有企业许可排放量按排放标准和产能计算出的量、总量控制要求确定的量（环保部门核定的排污权量也作为总量控制要求的一种形式），二者取严，因而许可排放量不能突破上年的排污权量。

排污单位申请与核发机关核发二氧化硫、氮氧化物和颗粒物排放总量的同时，对《“十三五”生态环境保护规划》（国发〔2016〕65号）中提出的挥发性有机物总量控制要求，也要在排污许可证中体现。

国发〔2016〕65号文指出，国家控制重点地区重点行业挥发性有机物排放。全面加强石化、有机化工、表面涂装、包装印刷等重点行业挥发性有机物控制。细颗粒物和臭氧污染严重省份实施行业挥发性有机污染物总量控制，制订挥发性有机污染物总量控制目标和实施方案。强化挥发性有机物与氮氧化物的协同减排，建立固定源、移动源、面源排放清单，对芳香烃、烯烃、炔烃、醛类、酮类等挥发性有机物实施重点减排。开展石化行业“泄漏检测与修复”专项行动，对无组织排放开展治理。各地要明确时限，完成加油站、储油库、油罐车油气回收治理，油气回收率提高到90%以上，并加快推进原油成品油码头油气回收治理。涂装行业实施低挥发性有机物含量涂料替代、涂装工艺与设备改进，建设挥发性有机物收集与治理设施。印刷行业全面开展低挥发性有机物含量原辅料替代，改进生产工艺。京津冀及周边地区、长三角地区、珠三角地区，以及成渝、武汉及其周边、辽宁中部、陕西关中、长株潭等城市群全面加强挥发性有机物排放控制。

环境保护部、国家发展和改革委和水利部文件《长江经济带生态环境保护规划》（环规财〔2017〕88号）指出，推进石化、化工、工业涂装、包装印刷、油品储运销、机动车等重点行业挥发性有机物排放总量控制。

在细颗粒物和臭氧污染较严重的16个省（市）实施行业挥发性有机物总量控制，包括：北京市、天津市、河北省、辽宁省、上海市、江苏省、浙江省、安徽省、山东省、河南省、湖北省、湖南省、广东省、重庆市、四川省、陕西省等。

64．特殊排放时段（时期）及许可要求是什么？

国家排污许可申请子系统中，特殊排放时段（时期）指重污染天气应急预警期以及京津冀等重点区域冬防阶段对重污染天气应急预警期等。对重污染天气应急预警期间日排放量以及京津冀等重点区域冬防阶段月排放量有明确规定的，应计算特殊时段许可排放量，包括不同级别应急预警期间日排放量以及京津冀等重点区域冬防阶段月排放量。

特殊时段企业日许可排放量计算方法：

$$E_{日许可} = E_{年许可} / 365 \times (1-\alpha)$$

式中，$E_{日许可}$为火电企业日许可排放量，t；α为重污染天气预警时段内的产能减少比例。

对于特殊时期短时间内有许可排放量要求的排污单位，应根据其自行监测数据记录及环境管理台账的相关数据信息，概述企业各项污染源、各项污染物的排放情况，分析特殊时段许可浓度限值及许可排放量的达标情况，主要排放口实际排放量之和不得超过特殊时期许可排放量。

65．按什么排放标准申请排放总量？

有的项目环评批复后国家或地方发布了新的排放标准；有的企业过去已取得的且还在有效期内的排污许可证，但发放排污许可证后国家或地方发布了新的排放标准；更有的情况，环评报告执行了错误的排放标准，有时环保局也按此排放标准批复了排放总量（此种情况主要发生在已建企业，且进行过一次或多次改扩建，没有搞清楚锅炉等排污设备建成投运时间导致的，即对改扩建的锅炉属于“新建”或“现有”界定错误），等等。

以上种种情况不管什么原因，毫无疑问，申请排污许可证时均应执行新的排放标准，并按新排放标准进行排放总量的核算。因为我们申报的是将来三年期内的排放许可情况。

排污许可证申请与核发从某种意义上讲，有对环评及批复、原有排污许可证、执行排放标准等进行核实与变更的职责。《排污许可证管理暂行规定》（环水体〔2016〕186号）第二十条第四款明确指出：国家或地方实施新污染物排放标准的，核发机关应主动通知排污单位进行变更，排污单位在接到通知后二十日内申请变更；第二十条第二款明确指出：排放污物种类、许可排放浓度、许可排放量等许可事项发生变更的，排污单位应当向原核发机关提出变更排污许可证申请。因此，本次排污许可证申报与核发从某种意义上就有核实变更的职责。

66．什么是许可排放总量的“取严原则”？

现有污染源（即2015年1月1日前建成投产的项目）基于国家或地方排放标准采用申请与核发规范推荐的方法确定许可排放量。地方有总量控制要求且将总量指标分配到企业的，按照从严原则确定企业许可排放量。

新增污染源依据环境影响评价文件及批复确定许可排放量。环境影响评价文件及批复中无排放总量要求或排放总量要求低于按照排放标准（含特别排放限值）确定的许可排放量的，以执行的排放标准（含特别排放限值）要求为依据，采用申请与核发规范推荐的方法确定许可排放量。地方有更严格的环境管理要求的，按照地方要求核定。

总量控制要求包括地方政府或环保部门发文确定的企业总量控制指标、环评文件及其批复中确定的总量控制指标、现有排污许可证中载明的总量控制指标、通过排污权有偿使用和交易确定的总量控制指标等地方政府或环保部门与排污许可证申领企业以一定形式确认的总量控制指标。

67．许可排放总量“取严原则”应考虑哪些影响因素？

许可排放总量的确定以环评文件及批复、现有排污许可证、政府下发的总量分配文件和按“行业排污许可证申请与核发技术规范”要求计算出来的总量等为选项，取最小的值作为申请与核发的排放总量，即“取严原则”。取严时应考虑以下两个影响因素：

首先，参与“取严”的各选项必须是有效的数据。某些排污企业的环评及批复时间较久远，其环评批复所执行的排放标准也已废止，对应其浓度的排放总量也已经无效；还有些现有排污许可证执行的排放浓度，或排放总量存在明显错误，或现有排污许可证已没在有效期内，等等。此时，在申请与核发排放总量时首先应甄别各总量数据的有效性，剔除无效总量数据，根据“取严原则”确定排放总量。

其次，在选择总量时，各污染因子总量可能来源于不同的“总量选项”，导致废气或废水中各污染因子排放总量与排放浓度不成比例关系，有时甚至差别较大，感觉存在明显的错误。如某企业二氧化硫排放总量为 100 t/a（二氧化硫总量取自环评文件及批复，但环评文件及批复没有明确氮氧化物总量），氮氧化物总量取自“行业排污许可证申请与核发技术规范”计算的结果 500 t/a（假如计算结果较其他选项都最小）。申请排放总量时，直接按“取严原则”选出的总量进行填报，而不考虑按排放浓度大小进行折算。

第八章 大气污染物排放信息—无组织排放信息

68. 无组织排放信息填报应注意哪些问题?

大气污染物无组织排放表单中的无组织排放编号、产污环节、污染物种类、主要防治措施均由前面表单填报后自动生成，此处不能更改或增删。

无组织排放编号来源于前面表单“主要产品及产能信息表”和“废气产排污节点、污染物及污染治理设施信息表”。

产污环节、污染物种类、主要防治措施均来源于前面表单“废气产排污节点、污染物及污染治理设施信息表”，因此，前面表单中应填报可能涉及的所有污染物种类，如有制浆工序的纸企应填报臭气浓度和颗粒物，有生化污水处理工序的纸企应填报臭气浓度、硫化氢和氨等，采用含氯漂白工艺的纸企还应填报氯化氢，以油为燃料的排污单位应填报非甲烷总烃，涉及氨罐的应填报氨等。产污环节包括设备与管线组件泄漏、储罐泄漏、装卸泄漏、废水集输储存处理、原辅材料堆放及转运、循环水系统泄漏等环节。

大气污染物无组织排放表单中的国家或地方污染物排放标准、年许可排放量限值、特殊时段许可排放限值等信息，在此处由排污单位填报。无组织污染物排放主要执行行业标准中大气污染物无组织排放限值、《大气污染物综合排放标准》（GB 16297—1996）和《恶臭污染物排放标准》（GB 14554—93）等。当前，除钢铁工业外，国家不要求许可无组织年许可排放限值。特殊时段指环境质量限期达标规划、重污染天气应对等对排污单位有更加严格的排放控制要求的情况。

第九章
大气污染物排放信息—企业大气排放总许可量

69. 大气排放总许可量填报应注意哪些问题?

大气排放总许可量表单是系统根据前面表单自动生成，但自动生成的总许可量在此处可以修改。系统可能会根据前面表单填报的锅炉、机组、设备设施数量和申请年许可排放量相乘，自动生成大气排放总许可量，因此，排污单位应根据锅炉、机组、设备设施数量及备用情况，仔细核对自动生成的大气排放总许可量（备用锅炉、机组或设备设施不单独许可排放量）。

大气排放总许可量指全厂有组织排放总计与无组织排放总计之和，但不能超过全厂总量控制指标，全厂总量控制指标在前面“排污单位基本信息表”中填报。对于有主要污染物总量控制指标计划的排污单位，须列出相关文件文号，或其他能够证明排污单位污染物排放总量控制指标的文件和法律文书，并列出上一年主要污染物总量指标；对于总量指标中同时包括钢铁行业和自备电厂的排污单位，应进行说明，如“二氧化硫总量指标（t/a）”处填写内容为“1 000（t/a），包括自备电厂”。

国家排污许可申请子系统中，年许可排放量限值保留至小数后 3 位数字。排污单位在计算年许可排放量时，若小数点后 3 位仍为有效数字，则建议取小数点后 3 位作为年许可排放量限值。

第十章
水污染物排放信息—排放口

70．废水排放口基本情况填报应注意哪些问题？

废水排放口基本情况表单中的排放口编号、排放去向、排放规律由前面表单填报后自动生成，此处不能更改或增删。

需要填报的排放口坐标，指废水排出厂界处经纬度坐标（对于直接排放至地表水体的排放口，或对于排至厂外城镇或工业污水集中处理设施的排放口），或指废水排出车间或车间处理设施边界处经纬度坐标（对于纳入管控的车间或车间处理设施排放口）。汇入受纳自然水体处地理坐标指废水汇入地表水体处经纬度坐标。国家排污许可申请子系统不可直接从界面输入度、分、秒值，只可从“选择”按钮中拾取 GIS 坐标或手动录入坐标值。

需要填报的受纳水体功能目标，指对于直接排放至地表水体的排放口，其所处受纳水体功能类别。《地表水环境质量标准》（GB 3838—2002）依据地表水水域环境功能和保护目标，按功能高低依次划分为五类：Ⅰ类主要适用于源头水、国家自然保护区；Ⅱ类主要适用于集中式生活饮用水地表水源地一级保护区、珍稀水生生物栖息地、鱼虾类产场、仔稚幼鱼的索饵场等；Ⅲ类主要适用于集中式生活饮用水地表水源地二级保护区、鱼虾类越冬场、洄游通道、水产养殖区等渔业水域及游泳区；Ⅳ类主要适用于一般工业用水区及人体非直接接触的娱乐用水区；Ⅴ类主要适用于农业用水区及一般景观要求水域。

废水向海洋排放的，在备注中应当填写岸边排放或深海排放，深海排放的，还应说明排污口的深度、与岸线直线距离。

71．废水污染物排放标准信息填报应注意哪些问题？

废水污染物排放标准表单填报对应排放口须执行的国家或地方污染物排放标准名称和浓度限值，其中污染物种类由前面表单“废水类别、污染物及污染治理设施信息表”自动生成。

截至 2017 年 5 月 23 日，我国现行国家污染物排放（控制）标准 163 项，其中水污染物排放标准 64 项，控制项目达到 158 项。总体而言，我国水污染物排放标准中控制的污染物项目数量和严格程度与主要发达国家和地区相当。环保部已在国家排污许可申请子系统中加入了我国现行的 163 项国家污染物排放（控制）标准和部分地方污染物排放（控制）标准，排污单位可选择应执行的排放标准。

地方环保局应在国家排污许可申请子系统中添加依法备案的现行强制性地方排放标准，供排污单位填报时选择。四川省为加强对境内岷江、沱江流域水污染物排放的监督管理，减少污染物排放，促进经济结构调整和产业升级，推动经济发展方式转变，进一步改善岷江、沱江流域水环境质量，制定了《四川省岷江、沱江流域水污染物排放标准》(DB 51/2311—2016)，并于 2017 年 1 月 1 日起实施。DB 51/2311—2016 根据岷江、沱江流域水污染特点和环境保护要求，将四川省岷江、沱江流域划分为重点控制区域和一般控制区域，区域内排污单位分别执行不同的排放限值。重点控制区域即优先控制区域，指岷江、沱江流域内水环境容量较小、生态环境脆弱，容易发生严重环境污染问题的地区，主要包括成都、眉山、乐山、宜宾、德阳、资阳、内江、自贡、泸州、雅安 10 个市共 62 个区县。一般控制区域指除以上重点控制区域之外的其他汇水区域，主要包括阿坝、甘孜、凉山、雅安、宜宾、德阳 6 个市（州）共 35 个区县。

第十一章
水污染物排放信息—申请排放信息

72．企业废水经处理达标后直接进入污灌农田，是否需要申请排放总量？

以地面水、地下水和处理后的城市污水及与城市污水水质相近的工业废水，经处理达到《农田灌溉水质标准》（GB 5084—2005），可用于农田灌溉用水（不适用医药、生物制品、化学试剂、农药、石油炼制、焦化和有机化工处理后的废水进行灌溉）。一般情况下，农田灌溉用水大部分被土地、植被吸收，退水影响较小，且GB 5084—2005是水质质量标准，不是排放标准，不申请与核发排放总量。

73．火电企业需要申报废水许可排放总量吗？

根据《火电行业排污许可证申请与核发技术规范》，火电企业纳入许可的废水包括生产废水、生活污水、冷却水排水和脱硫废水等，且规定火电企业废水排放口为一般排放口（与主要排放口对应）。废水中主要污染因子包括COD、氨氮、pH、SS、硫化物、石油类、TDS、总磷、氟化物、挥发酚、动植物油类（具备条件的企业还应关注脱硫废水中的总砷、总铅、总汞、总镉等重金属污染物）。一般情况下，火电企业只要求明确所有废水排放口各项水污染因子许可排放浓度（日均浓度），不许可排放量，只是对于有水环境质量改善需求的或地方政府有要求的，按照排放口明确各项水污染因子许可排放量。

74．哪些地方的排污单位应申请与核发总氮、总磷的排放总量？

排污单位必须按照行业申请与核发技术规范申请许可排放量。现有企业许可排放量按排放标准和产能计算出的量、总量控制要求确定的量（环保部门核定的排污权量也作为总量控制要求的一种形式），二者取严，因而许可排放量不能突破上年的排污权量。

一般情况下，在申请与核发化学需氧量和氨氮排放总量的同时，纳污水体环境质量超标且列入行业排放标准的因子也需要核发许可排放总量，《"十三五"生态环境保护规划》中提出的实施总磷、总氮总量控制的要求，也要在相关地区核发的排污许可证中体现（摘自环境保护部排污许可专项小组工作简报 2017 年第 2 期）。

总磷超标的控制单元以及上游相关地区实施总磷总量控制，包括：天津市宝坻区，黑龙江省鸡西市，贵州省黔南布依族苗族自治州、黔东南苗族侗族自治州，河南省漯河市、鹤壁市、安阳市、新乡市，湖北省宜昌市、十堰市，湖南省常德市、益阳市、岳阳市，江西省南昌市、九江市，辽宁省抚顺市，四川省宜宾市、泸州市、眉山市、乐山市、成都市、资阳市，云南省玉溪市等。

在 56 个沿海地级及以上城市或区域实施总氮总量控制，包括：丹东市、大连市、锦州市、营口市、盘锦市、葫芦岛市、秦皇岛市、唐山市、沧州市、天津市、滨州市、东营市、潍坊市、烟台市、威海市、青岛市、日照市、连云港市、盐城市、南通市、上海市、杭州市、宁波市、温州市、嘉兴市、绍兴市、舟山市、台州市、福州市、平潭综合实验区、厦门市、莆田市、宁德市、漳州市、泉州市、广州市、深圳市、珠海市、汕头市、江门市、湛江市、茂名市、惠州市、汕尾市、阳江市、东莞市、中山市、潮州市、揭阳市、北海市、防城港市、钦州市、海口市、三亚市、三沙市和海南省直辖县级行政区等。

在 29 个富营养化湖库汇水范围内实施总氮总量控制，包括：安徽省巢湖、龙感湖，安徽省、湖北省南漪湖，北京市怀柔水库，天津市于桥水库，河北省白洋淀，吉林省松花湖，内蒙古自治区呼伦湖、乌梁素海，山东省南四湖，江苏省白马湖、高邮湖、洪泽湖、太湖、阳澄湖，浙江省西湖，上海市、江苏省淀山湖，湖南省洞庭湖，广东省高州水库、鹤地水库，四川省鲁班水库、邛海，云南省滇池、杞麓湖、星云湖、异龙湖，宁夏回族自治区沙湖、香山湖，新疆维吾尔自治区艾比湖等。

第十二章
环境管理要求—自行监测要求

75．自行监测要求中的监测内容如何填报？

从网上已公开企业的申报材料看，国家排污许可申请子系统中第 11 张表“环境管理要求—自行监测要求”中第 3 列“监测内容”栏的填报很不统一，各有各的填法，大多填报的是要监测的污染物名称，如二氧化硫、氮氧化物、化学需氧量等，也有填报“浓度”二字的，还有填“流量”的，等等。

“申请与核发技术规范”在手工监测报表（火电规范表 10 或造纸规范表 9）中关于“监测内容”的注释：监测内容包括自行指南中确定应当定期开展监测的废气、废水污染因子，及其他需要监测的污染物；对于需要同步监测的烟气参数（排气量、温度、压力、温度、氧含量等）、废水排放量等，要同步记录。《排污许可证申请与核发技术规范　水泥工业》（HJ 847—2017）中表 12 手工监测报表对“监测内容”没有注释。

以上提到的监测内容中，废气、废水污染因子，及其他需要监测的污染物等在第 11 张表“环境管理要求—自行监测要求”中第 4 列“污染物名称”栏填报，若“监测内容”栏填报要监测的污染物名称，如二氧化硫、氮氧化物、化学需氧量等，显然与“污染物名称”栏重复，且其对应的显然是测试浓度值，不需要在“监测内容”栏填“浓度”二字。

需要同步监测的烟气参数（排气量、温度、压力、温度、氧含量等）、废水排放量等信息在国家排污许可申请子系统中没有其他地方可以填报，因此，为能在国家排污许可申请子系统中反映出“申请与核发技术规范”关于“监测内容”的全部信息，国家排污许可申请子系统中第 11 张表“环境管理要求—自行监测要求”中第 3 列“监测内容”栏填报需要同步监测的烟气参数（排气量、温度、压力、温度、氧含量等）、废水排放量等信息，更趋合理。水泥行业有组织一般排放口和窑头废气排放口应填入烟道截面积、烟气流速、烟气温度和烟气含湿量，共 4 个参数，窑尾废气排放口还应增加填入含氧量，共 5 个参数；无组织排放监测内容应填入风向和风速，废水排放口应填入流量。

76．什么情况下应该安装自动监测设备？

根据环发〔2013〕14 号文《“十二五”总量减排监测方法》，国家或地方重点监控企业应当安装在线监测设备，并与环保主管部门联网。纳入国家重点监控企业的排污单位，应当安装或完善主要污染物自动监测设备，尤其要尽快安装氨氮和氮氧化物自动监测设备，并与环境保护主管部门联网。其他排污单位自动监测设备的安装要求，按照所在地省级政府环境保护主管部门规定执行。

《锅炉大气污染物排放标准》（GB 13271—2014）中 5.1.4 规定 20 t/h 及以上蒸汽锅炉和 14 MW 及以上热水锅炉应安装污染物排放自动监控设备，与环保部门的监控中心联网，并保证设备正常运行，按有关法律和《污染源自动监控管理办法》的规定执行。

《中华人民共和国水污染防治法》（2018 年 1 月 1 日起施行）第二十三条规定，实行排污许可管理的企业事业单位和其他生产经营者应当按照国家有关规定和监测规范，对所排放的水污染物自行监测，并保存原始监测记录。重点排污单位还应当安装水污染物排放自动监测设备，与环境保护主管部门的监控设备联网，并保证监测设备正常运行。应当安装水污染物排放自动监测设备的重点排污单位名录，由设区的市级以上地方人民政府环境保护主管部门根据本行政区域的环境容量、重点水污染物排放总量控制指标的要求以及排污单位排放水污染物的种类、数量和浓度等因素，商同级有关部门确定。

因此，重点排污单位（国控、省控、市控企业）应当安装污染物排放自动监测设备，与环境保护主管部门的监控设备联网，并保证监测设备正常运行。一般来讲，“行业排污许可证申请与核发技术规范”和“行业排污单位自行监测技术指南”中都会明确规定应该安装在线自动监测设备的各种情形。

77．废气连续采样、非连续采样方法及个数如何确定？

国家排污许可申请子系统自行监测要求中“手工监测采样方法及个数”有 6 个废气监测采样选项：连续采样，非连续采样至少 3 个，非连续采样至少 4 个，非连续采样至少 5 个，非连续采样多个和其他。

根据《排污单位自行监测技术指南　总则》（HJ 819—2017），废气手工采样方法的选择参照相关污染物排放标准及《固定污染源排气中颗粒物测定与气态污染物采样方法》（GB/T 16157—1996）、《固定污染源废气监测技术规范》（HJ/T 397 —2007）等执行。

有组织废气中排放浓度许可限值均为小时浓度，即任何 1 h 平均值不得超过的限值。因此，排气筒中废气的采样以连续 1 h 的采样获取平均值，或以 1 h 内等时间间隔采集 4 个样品，并计平均值。无组织排放监控点的采样，一般采用连续 1 h 计平均值；若分析方法灵敏度高，仅需用短时间采集样品时，应实行等时间间隔采集，采集 4 个样品计平均值。

因此，一般情况下，有组织废气监测时可选“连续采样”或“非连续采样至少 4 个”中的任意一个选项，无组织废气监测可选“连续采样”选项。

78．废水混合采样、瞬时采样方法及个数如何确定？

国家排污许可申请子系统自行监测要求中“手工监测采样方法及个数”有 9 个废水监测采样选项：混合采样至少 3 个混合样，混合采样至少 4 个混合样，混合采样至少 5 个混合样，混合采样多个混合样，瞬时采样至少 3 个瞬时样，瞬时采样至少 4 个瞬时样，瞬时采样至少 5 个瞬时样，瞬时采样多个瞬时样和其他。

根据《地表水和污水监测技术规范》（HJ/T 91—2002），瞬时采样指从水中不连续地随机（就时间和断面而言）采集的单一样品，一般在一定的时间和地点随机采取；混合采样分等比例混合采样（指在某一时段内，在同一采样点位所采水样量随时间或流量成比例的混合水样）和等时混合采样（指在某一时段内，在同一采样点位或断面按等时间间隔所采等体积水样的混合水样）。

根据《排污单位自行监测技术指南 总则》（HJ 819—2017），废水手工采样方法的选择参照相关污染物排放标准及HJ/T 91、HJ/T 92、HJ 493、HJ 494、HJ 495等执行。根据监测指标的特点确定采样方法为混合采样方法或瞬时采样方法，单次监测采样频次按相关污染物排放标准和《地表水和污水监测技术规范》（HJ/T 91—2002）执行。

工业废水排放浓度许可限值为日均浓度，并按生产周期确定监测频率，生产周期在8 h以内的，每2 h采样一次，生产周期大于8 h的，每4 h采样一次，分别测其浓度值，求日平均值。排污单位如有污水处理设施并能正常运转或建有调节池的污染源，其污水为稳定排放的，每次采样时可以采瞬时样，至少3个瞬时样。对于排放曲线有明显变化的不稳定排放污水，每次采样时要根据污水污染物排放曲线情况分时间单元采样，再组成混合样品（正常情况下，混合样品的单元采样不得少于3次）。如排放污水的流量、浓度甚至组分都有明显变化，则在各单元采样时的采样量应与当时的污水流量成比例，以使混合样品更有代表性。

《火电厂石灰石-石膏湿法脱硫废水水质控制标准》（DL/T 997—2006）规定：采集脱硫废水时，样品应在2 h内采集完毕并混匀，可连续采样或者间隔采样。间隔采样时，至少等量采集5个样品，最小取样间隔不得小于5 min。

因此，一般情况下，排污单位如有污水处理设施并能正常运转或建有调节池的污染源，其污水为稳定排放的，可选“瞬时采样至少3个瞬时样”选项。对于浓度或流量有明显变化的不稳定排放污水，可选“混合采样至少3个混合样”选项，但对脱硫废水混合采样时，至少等量采集5个样品。

排污单位为了确认自行监测的采样频次，应在正常生产条件下的一个生产周期内进行加密监测：周期在8 h以内的，每小时采1次样；周期大于8 h的，每2 h采1次样，但每个生产周期采样次数不少于3次。采样的同时测定流量。根据加密监测结果，绘制污水污染物排放曲线（浓度—时间，流量—时间，总量—时间），并与所掌握资料对照，如基本一致，即可据此确定企业自行监测的采样频次。

79．自行监测中污染物指标和频次如何确定？

环保部以公告2017年第16号发布了《排污单位自行监测技术指南　总则》（HJ 819—2017）、《排污单位自行监测技术指南　火力发电及锅炉》（HJ 820—2017）和《排污单位自行监测技术指南　造纸工业》（HJ 821—2017）3项环境保护标准，并自2017年6月1日起实施。

“行业排污许可证申请与核发技术规范”明确规定：火电行业、造纸行业排污单位自行监测技术指南发布后，以规范性要求文件为准。经对照“行业排污许可证申请与核发技术规范”和《排污单位自行监测技术指南》中的自行监测要求，发现以下主要的变化，需要在排污许可证申报系统中按已变化的内容进行填报。

火电行业废水污染物最低监测频次表：燃气对应的废水总排放口的监测指标增加总磷和总溶解性固体（全盐量），燃油对应的企业废水总放口的监测指标增加总溶解性固体（全盐量），燃煤对应的废水总排放口的监测指标没有变化。脱硫废水不排的，监测频次可按季度执行，生活污水不排入总排口可不测总磷。对于未封闭堆场的无组织排放需增加监测频次。

造纸行业废水排放口及污染物最低监测频次表：按重点排污单位和非重点排污单位分别设计不同的监测指标和频次，并明确了制浆造纸企业全部按重点排污单位管理，重点排污单位pH及COD由每日监测频次改为自动连续监测，非重点排污单位监测指标为pH、悬浮物、色度、五日生化需氧量、化学需氧量、氨氮、总氮、总磷和流量，并按季度进行监测。有生化污水处理工序的无组织排放废气厂界监测点位对应的臭气浓度、硫化氢和氨3项指标监测频次由季度改为年。

80．造纸企业锅炉废气自行监测应执行的监测频次要求是什么？

《排污单位自行监测技术指南　造纸工业》（HJ 821—2017）第5.2.1条规定了有组织废气排放监测点位、指标与频次要求：碱回收炉、石灰窑废气排放口的监测指标及频次按表2执行（第5.2.1.1条）；若排污单位有溶解槽、漂白气体制备等物理/化学反应设备，或其他有组织废气排放源，应根据污染物排放状况，参照

《排污单位自行监测指南　总则》（HJ 819—2017）确定监测指标和频次等内容（第5.2.1.2 条）。HJ 821—2017 在此处没明确指出造纸企业锅炉废气的监测要求，且第 5.2.1.2 条中“其他有组织废气排放源”很容易让人误解为锅炉废气自行监测参照 HJ 819—2017 执行。此处“其他有组织废气排放源”是指造纸企业中除有溶解槽、漂白气体制备等物理/化学反应设备外的可能排放污染物的一般小排气筒，而不是指锅炉。

事实上，造纸企业锅炉废气自行监测要求执行《排污单位自行监测技术指南　火力发电和锅炉》（HJ 820—2017）。HJ 820—2017 不仅仅规定了火力发电的自行监测要求，而且还规定了任何规模的锅炉自行监测要求。HJ 820—2017 适用于“独立火力发电厂和企业自备火力发电机组（厂）的自行监测，及排污单位对锅炉的监测，不适用于以生活垃圾、危险废物为燃料的火电厂和锅炉”。HJ 820—2017 中规范性引用文件同时引用了《火电厂大气污染物排放标准》（GB 13223—2011）和《锅炉大气污染物排放标准》（GB 13271—2014），这点也佐证了 HJ 820—2017 适用于执行 GB 13271—2014 的锅炉自行监测要求。

因此，造纸企业废气自行监测至少应同时执行 HJ 821—2017、HJ 820—2017 和 HJ 819—2017 三个自行监测规范，且锅炉废气自行监测应执行 HJ 820—2017 中表 1 要求，而不是执行 HJ 819—2017 中表 1 要求。

81. 自动监测设施故障时，对手动监测频次有什么要求？

企业在填报“环境管理要求—自行监测要求”时，对于要采取自动监测时，还需填报手动监测频次等内容。从已上报的企业来看，各家理解不一样，导致填报内容也不统一。

此处的手动监测要求是填报“中控自动设备或自动监控设施出现故障时，对故障期间采取手动监测的要求”。《污染源自动监控设施运行管理办法》（环发〔2008〕6 号）第十五条规定：污染源自动监控设施的维修、更换，必须在 48 h 内恢复自动监控设施正常运行，设施不能正常运行期间，要求采取人工采样监测的方式报送数据，数据报送每天不少于 4 次，间隔不得超过 6 h。由环发〔2008〕6 号文不难看出，自动监测设施故障期间，手动监测频次至少为 4 次/日。

《火电行业排污许可证申请与核发技术规范》对此类情况的规定是“每四小时至少监测一次，每天不得少于6次”，即手动监测频次至少为6次/日，此规定满足环发〔2008〕6号文的规定。因此，火电行业在系统填报时应填报6次/日。

《造纸行业排污许可证申请与核发技术规范》中完全没有明确自动监测设施故障期间手动监测频次，这或许是此规范不完善的地方。查遍全文中引用的自行监测规范，HJ/T 353、HJ/T 354、HJ/T 355、HJ/T 75、HJ/T 76、HJ 494、HJ 495、HJ/T 91、HJ/T 397和GB/T 6157等，在《水污染源在线监测系统运行与考核技术规范（试行）》（HJ/T 355—2007）中发现一点蛛丝马迹（第6.7条）：在线监测设备因故障不能正常采集、传输数据时，应及时向环境保护有关部门报告，必要时采用人工方法进行监测，人工监测的周期不低于每两周一次，监测技术要求参照HJ/T 91—2002执行。那是否可由此推论，造纸行业自动监测设施故障期间，手动监测频次至少为“1次/14天”呢？显然，执行“1次/14天”不符合当前对环境管理的实际，同时环发〔2008〕6号文在时间先后上后于HJ/T 355—2007标准，因此，造纸行业企业自动监测设施故障期间，手动监测频次至少为4次/日。当然，地方环保局有其他更严要求的，按地方环保局要求执行。

因此，火电行业企业自动监测设施故障期间，手动监测频次至少为6次/日，造纸行业企业则至少为4次/日。

排污单位申报和核发机关核发时，对于那些应该实行连续在线监测而实际并没有做到的，排污单位在填报时可以按手动监测进行填报（注：此处的手动监测不是指自动监测故障时的手动监测要求），但核发机关应在国家排污许可证核发子系统中“其他控制及管理要求”栏提出要求企业安装自动监测设备的意见。

82．火电厂脱硫废水不外排还需要自行监测吗？

火电企业废水排放监测的监测点位包括企业排放口、脱硫废水排口、循环冷却水排口、直流冷却水排口，其中脱硫废水排放口监测指标为pH、总砷、总铅、总汞、总镉及流量。

脱硫废水不外排时，因其含总砷、总铅、总汞、总镉等重金属，属《污水综合排放标准》（GB 8978—1996）中规定的有毒污染物（也称第一类污染物），不分行业和污水排放方式，一律在车间或车间处理设施废水排放口采样监测，监测频次为每季度监测一次（外排时按每月监测一次执行），并执行统一的浓度限值《火电厂石灰石-石膏湿法脱硫废水水质控制指标》（DL/T 997—2006）。《排污单位自行监测技术指南　火力发电及锅炉》（HJ 820—2017）第 5.2 节表 3 注 2 指出，脱硫废水不外排时其废水中 pH、总砷、总铅、总汞、总镉及流量的监测频次按季度执行，脱硫废水外排时按月执行。

脱硫废水进入脱硫废水处理装置，通过中和、除重金属、絮凝、沉淀等反应处理到水质满足 DL/T 997—2006。脱硫废水处理系统的沉降箱 pH 值、出水箱 pH 值、浊度、COD 控制范围等应当符合操作规范，pH 计、浊度仪要定期校验和比对，并保存手工监测比对记录。

83．废水间接排放和不外排的情况是否需要进行自行监测填报？

《排污单位自行监测技术指南　总则》（HJ 819—2017）指出，监测点位包括外排口监测点位和内部监测点位，前者指用于监测排污单位排放口向环境排放废气、废水（包括向公共污水处理系统排放废水）污染物状况的监测点位，后者指用于监测污染治理设施进口、污水处理厂进水等污染物状况的监测点位，或监测工艺过程中影响特定污染物产生排放的特征工艺参数的监测点位。内部监测点位的监测频次根据该监测点位设置目的、结果评价的需要、补充监测结果的需要等进行确定。

从 HJ 819—2017 规定可知，废水排入公共污水处理系统的即间接排放，属于外排口监测点位。《排污单位自行监测技术指南　造纸工业》（HJ 821—2017）第 5.1.1 条指出，造纸工业企业间接排放废水，其监测指标与频次参照直接排放废水自行监测要求。

当排放标准中有污染物去除效率要求时，应在进入相应污染物处理设施单元的进口设置监测点位，或当环境管理有要求，或企业认为有必要更好地说明清楚自身污染治理及排放状况的，可以在企业内部设置监测点，监测污染物浓度或与有毒污染物排放密切相关的关键工艺参数等。由此可知，当废水不外排时，一般情况不需申请自行监测要求，但当排放标准中有污染物去除效率要求时，应在进入相应污染物处理设施单元的进口设置监测点位进行自行监测。当企业废水涉及第一类污染物时（GB 8978—1996），如含重金属、苯并芘和放射性等时，尽管不排入水环境，但仍应在产生废水车间或设施排放口进行监测，且还应在排污许可申报系统中予以申报，明确自行监测要求。

84．关于废气有组织排放一般排放口的自行监测填报问题。

“行业排污许可证申请与核发技术规范”将排放口类型分为外排口、设施或车间排放口，其中外排口又分为主要排放口、一般排放口。火电企业废气主要排放口包括锅炉烟囱和燃气轮机组烟囱，废气一般排放口包括输煤转运站排气筒、采样间排气筒等；火电企业废水排放口为一般排放口。造纸废水排放口全部为主要排放口，若采用氯气漂白工艺需填写设施或车间排口；废气主要排放口为碱回收炉和锅炉废气排放口，一般排放口为石灰窑和焚烧炉废气排放口。

“行业排污许可证申请与核发技术规范”和《排污单位自行监测技术指南》都明确规定了废水主要排放口、一般排放口和废气主要排放口监测要求，及废气部分一般排放口（造纸行业的石灰窑、焚烧炉）监测要求。但对于火电、造纸行业可能涉及的输煤转运站排气筒、采样间排气筒、溶解槽、漂白气体制备等物理或化学反应设备，或筒仓（灰库）顶部排放粉尘，或其他有组织废气排放源的自行监测没有明确的规定和要求。

《排污单位自行监测技术指南　总则》（HJ 819—2017）表1规定，废气其他排放口（相对于主要排放口）监测频次为至少一年一次。监测指标可以根据实际情况选择粉尘、颗粒物，或其他相关污染因子。

85．关于造纸工业或行业中的几个定义及与排污许可相关的规定要求问题。

造纸工业（或行业）指以植物（木材、其他植物）或废纸等为原料生产纸浆，以纸浆为原料生产纸张、纸板等产品，及以纸和纸板为原料加工纸制品的企业或生产设施。因此，造纸工业包括制浆造纸企业和纸制品加工企业。

《制浆造纸工业水污染物排放标准》（GB 3544—2008）适用范围为此处所指的

制浆造纸企业。《排污单位自行监测技术指南　造纸工业》（HJ 821—2017）中所指的制浆造纸企业还包括有制浆或造纸生产工序的纸制品加工企业，且规定“没有制浆或造纸生产工序的纸制品加工企业”才为非重点排污单位，其自行监测要求废水总排放口按季度手动监测 pH、悬浮物、色度、五日生化需氧量、化学需氧量、氨氮、总氮、总磷和流量。造纸工业中其他所有企业自行监测要求按重点排污单位执行。

制浆造纸企业（GB 3544—2008 所定义的）包括制浆企业、造纸企业、制浆和造纸联合生产企业，共 3 大类。制浆企业指单纯进行制浆生产的企业，以及纸浆产量大于纸张产量，且销售纸浆量占总制浆量 80%及以上的制浆造纸企业；造纸指单纯进行造纸生产的企业，以及自产浆量占纸浆总用量 20%及以下的制浆造纸企业；制浆和造纸联合生产企业指除制浆和造纸企业以外、同时进行制浆和造纸生产的制浆造纸企业。简单地讲，就是卖纸浆量占生产纸浆量 80%及以上的属于制浆企业，买纸浆量占生产纸浆量 80%及以上的属于造纸企业，其他属于制浆和造纸联合企业。

GB 3544—2008 规定了制浆造纸企业水污染物排放限值和单位产品基准排水量。在确定单位产品基准排水量时，应特别注意 GB 3544—2001 表 2 中的说明，应首先从表 2 中的说明开始判断，否则将出现重大误判，同时还需注意辨别表 2 中的说明内容里的“废纸浆”和“漂白非木浆”术语。四川省《岷江、沱江流域水污染物排放标准》（DB 51/2311—2016）因忽视了“企业漂白非木浆产量占企业纸浆总用量的比重大于 60%的情况”，导致四川省内以竹类制浆的企业在核定单位产品基准排水量时出现混乱，甚至核定出的基准排水量不符合实际。目前，四川省环境保护厅已召开专门的会议对此进行解释，明确“竹浆产量占企业纸浆总用量的比重大于 60%的情况”按制浆产量和造纸产量分别核算基准排水量，两者相加获得企业单位产品基准排水量。GB 3544—2008 表 2 中说明内容：纸浆量以绝干浆计；核定制浆和造纸联合生产企业单位产品实际排水量，以企业纸浆产量与外购商品浆数量的总和为依据；企业自产废纸浆量占企业纸浆总用量的比重大于 80%的，单位产品基准排水量为 20 t/t（浆）；企业漂白非木浆产量占企业纸浆总用量的比重大于 60%的，单位产品基准排水量为 60 t/t（浆）。纸制品加工企业不执行 GB 3544—2008 标准，执行《污水综合排放标准》（GB 8978—1996），且纸制品加工企业单位产品基准排水量按 1 m^3/t 产品取值。

第十三章
环境管理要求—环境管理台账记录要求

86．关于火电行业“环境管理台账记录要求”的填报问题。

《火电行业排污许可证申请与核发技术规范》在“自行监测数据记录要求”和“环境管理台账记录要求”等涉及相关内容，同时《排污单位自行监测技术指南　火力发电及锅炉》在“信息记录和报告”中也涉及相关内容，但其中内容都较为分散，且与排污许可申报系统中“环境管理台账记录要求”又不能很好地一一对应。一直以来，笔者也没能找到一个较为满意的填法，但近期《火电行业排污许可证审核要点》（第一版）公布，使笔者受到较多启示，经反复推敲，总结出既能包括《火电行业排污许可证申请与核发规范》、《排污单位自行监测技术指南　火力发电及锅炉》和《火电行业排污许可证审核要点》规定的内容，也易于在申报系统中填报的方法，供大家参考。

生产设施　基本信息：企业名称、生产设施名称、生产工艺等的实际情况及与污染物排放相关的主要运行参数。

生产设施　监测记录信息：①火电厂生产运行情况：燃煤机组：按照发电机组记录每日的运行小时、用煤量、发电煤耗、产灰量、产渣量、实际发电量、实际供热量、负荷率；燃气机组：按照燃气机组记录每日的运行小时、用气量、发电气耗、实际发电量、实际供热量、负荷率；燃油机组：按照发电机组记录每日的运行小时、用油量、发电油耗、实际发电量、实际供热量、负荷率。②燃料分析结果：燃煤火电厂应每天记录煤质分析，包括收到基灰分、干燥无灰基挥发分、收到基全硫、低位发热量等；燃气火电厂应每天记录天然气成分分析；燃油火电厂应每天记录油品品质分析，包括含硫量等；其他燃料的火电厂应每天记录燃料成分。

生产设施　其他环境管理信息：记录年生产时间（分正常工况和非正常工况，单位为h）、生产负荷、燃料消耗量、主要产品产量等。

污染防治措施　基本信息：污染治理设施名称、处理工艺等的实际情况及与污染物排放相关的主要运行参数。

污染防治设施　污染治理措施运行管理信息：①记录脱硫、脱硝、除尘设备的工艺，设计建设企业，投运时间等基本情况。按日记录脱硫剂使用量、脱硫副产物产生量、脱硝剂使用量、粉煤灰产生量、布袋除尘器清灰周期及换袋情况等，并记录脱硫、脱硝、除尘设施运行、故障及维护情况等。②记录脱硫DCS曲线：机组负荷、烟气量、增压风机电流、旁路挡板开关信号、原烟气SO_2浓度、净烟气SO_2浓度、浆液循环泵电流、烟气出口温度、供浆泵电流或流量；记录脱硝DCS曲线：机组/锅炉负荷、烟气量、脱硝设施入口A侧NO_x浓度、入口B侧NO_x浓度、总排口NO_x浓度、脱硝设施入口A侧氨流量、入口B侧氨流量、脱硝设施入口A侧烟气温度、入口B侧烟气温度；记录除尘DCS曲线：机组负荷、烟气量、增压风机电流、引风机电流、原烟气颗粒物浓度、净烟气颗粒物浓度、烟气出口温度。③按日记录污水处理量、污水回用量、污水排放量、污泥产生量（包括含水率）、进水浓度、排水浓度、污水处理使用的药剂名称及用量、冷却水的排放量。④记录所有环保设施的运行参数及排放情况等，包括废水处理能力（t/d）、进水水质（各因子浓度和水量等）、运行参数（包括运行工况等）、废水排放量、废水回用量、污染产生量及运行费用（元/t）、排水去向及受纳水体、排入的污水处理厂名称。⑤记录各无组织排放控制措施运行、维护、管理相关信息。

污染防治措施　监测记录信息：定期记录开展手工监测的日期、时间、污染物排放口和监测点位、监测方法、监测频次、监测仪器及型号、采样方法等，并建立台账记录报告。

污染防治设施　其他环境管理信息：根据实际情况选择是否填报。

需要说明的是，上面七个方面的填报仅是一个填报指南，企业不应据此全部复制粘贴，必须根据实际情况进行删减。

87. 关于造纸行业"环境管理台账记录要求"的填报问题。

《造纸行业排污许可证申请与核发技术规范》在"自行监测数据记录要求"和"环境管理台账记录要求"等涉及相关内容，同时《排污单位自行监测技术指南　造纸工业》在"信息记录和报告"中也涉及相关内容，但其中内容都较为分散，且与排污许可申报系统中"环境管理台账记录要求"又不能很好地一一对应。一直以来，笔者也没能找到一个较为满意的填法，但近期《造纸行业排污许可证审核要点》（第一版）公布，使笔者受到较多启示，经反复推敲，总结出既能包括《造纸行业排污许可证申请与核发规范》、《排污单位自行监测技术指南　造纸工业》和《造纸行业排污许可证审核要点》规定的内容，也易于在申报系统中填报的方法，供大家参考。

生产设施　基本信息：企业名称、生产设施名称、生产工艺等的实际情况及与污染物排放相关的主要运行参数。

生产设施　监测记录信息：分生产线记录每日的原辅料用量及产量：取水量（新鲜水），主要原辅料（木材、竹、芦苇、蔗渣、稻麦草等植物、废纸等）使用量，纸板及机制纸产量等；化学浆生产线还需记录粗浆得率、细浆得率、碱回收率、黑液提取率等；半化学浆、化机浆生产线还需记录纸浆得率；按生产周期记录石灰窑原料使用量、石灰窑产品产量、总固形物处理量、燃料消耗量、燃料含硫量等；焚烧炉应记录入炉固体废物、性质、数量、设施运行参数等。

生产设施　其他环境管理信息：记录年生产时间（分正常工况和非正常工况，单位为h）、生产负荷、燃料消耗量、主要产品产量等。

污染防治措施　基本信息：污染治理设施名称、处理工艺等的实际情况及与污染物排放相关的主要运行参数。

污染防治设施　污染治理措施运行管理信息：①按日记录污水处理量、污水回用量、白水回用率、污水排放量、污泥产生量（记录含水率）、进水浓度、排水浓度、污水处理使用的药剂名称及用量；②记录所有环保设施的运行参数及排放情况等，包括废水处理能力（t/d）、进水水质（各因子浓度和水量等）、运行参数（包括运行工况等）、污泥运行费用（元/t）；③记录脱硫、脱硝、除尘设备的工艺，设计建设企业，投运时间等基本情况，按日记录脱硫剂使用量、脱硫副产物产生量、脱硝剂使用量、粉煤灰产生量、布袋除尘器清灰周期及换袋情况等，并记录脱硫、脱硝、除尘设施运行、故障及维护情况等。

污染防治措施　监测记录信息：定期记录开展手工监测的日期、时间、污染物排放口和监测点位、监测方法、监测频次、监测仪器、采样方法等，并建立台账记录报告。

污染防治设施　其他环境管理信息：根据实际情况选择是否填报。

需要说明的是，上面七个方面的填报仅是一个填报指南，企业不应据此全部复制粘贴，必须根据实际情况进行删减。

若排污单位还执行《火电行业排污许可证申请与核发技术规范》，则填报还应满足其相关要求。

第十四章
地方环保部门依法增加的管理内容及改正措施

88．排污单位如何填报增加的管理内容和改正措施?

《排污许可证管理暂行规定》（环水体〔2016〕186 号）第十九条规定，核发机关根据排污单位申请和承诺，对满足核发条件的排污单位核发排污许可证，对申请材料中存在疑问的，可以开展现场核查。因此，核发机关在对排污单位申请材料进行审核和现场核查时，会针对申请的排污许可要求，评估污染排放及环境管理现状，可能会提出增加的管理内容和改正措施。同时，排污单位在填报申请信息时，应评估污染排放及环境管理现状，对现状环境问题提出整改措施。此时，应由排污单位对核发机关提出的增加的管理内容、改正措施和自评估整改措施予以填报。

排污单位申请和核发机关核发时，对于那些应该实行连续在线监测而实际并没有做到的，排污单位在填报时可以按手动监测进行填报，但核发机关应在国家排污许可证核发子系统中“其他控制及管理要求”栏提出要求企业安装自动监测设备的意见。

第十五章
相关附件

89. 排污单位守法承诺书应包括哪些主要内容？

排污单位在国家排污许可申请子系统中，必须上传 2 个必备附件：守法承诺书和排污许可证申领信息公开情况说明表，其样本可从国家排污许可信息公开系统主页右下角“附件资料”下载（http：//permit.mep.gov.cn/permitExt/outside/default.jsp）。排污单位填报提交的排污许可申请材料和守法承诺书是环保部门核发排污许可证的主要依据。

守法承诺书是排污单位向具有核发权限的环境保护厅（局）的书面承诺，并应有法定代表人（或实际负责人）的签字或盖章。守法承诺书主要内容：“我单位已了解《排污许可证管理暂行规定》及其他相关文件规定，知晓本单位的责任、权利和义务。我单位对所提交排污许可证申请材料的完整性、真实性和合法性承担法律责任。我单位将严格按照排污许可证的规定排放污染物、规范运行管理、运行维护污染防治设施、开展自行监测、进行台账记录并按时提交执行报告、及时公开信息。我单位一旦发现排放行为与排污许可证规定不符，将立即采取措施改正并报告环境保护主管部门。我单位将配合环境保护主管部门监管和社会公众监督，如有违法违规行为，将积极配合调查，并依法接受处罚。”

从守法承诺书主要内容不难看出，守法承诺书是一份至关重要的文件，它意味着排污单位的负责人主动承诺了对提交的材料的真实性、完整性负法律责任，也对排污单位的排污行为担负起了法律责任。

90．如何确定排污许可证申请承诺书中的“实际负责人”？

排污单位在申请排污许可证时，必须提交一份由“法定代表人或者实际负责人”签字或盖章的承诺书。根据我国《民法通则》的相关规定，法定代表人指依法律或法人章程规定，代表法人行使职权的负责人。我国法律实行的是单一法定代表人制，一般认为法人单位的正职行政负责人为其唯一法定代表人。这种情况下，排污单位在申请许可证时，一般就是让“一把手”签字盖章承诺守法即可。

现实情况中，存在各种形式的法人治理结构。如有一家大型央企，在全国除了台湾、香港、澳门之外的每个省级行政区域都建有火电厂，一共有100多家，但因为管理制度设置的原因，这些火电厂都不是独立法人，100多家电厂的法定代表人只有集团总部的领导这一位。还比如，有一些小型的造纸企业，是个人独资或者合伙人性质的“非法人企业”，原本也没有“法定代表人”。

上述情况可以由实际负责人在承诺书中签字。实际负责人是指非法人企业包括个人独资企业、合伙企业、企业的分支机构（分公司、办事处、代表处）等没有法定代表人的排污单位的实际负责人。实际负责人的界定也是有法律依据的，而不是由排污单位自己认定谁是实际负责人。大型央企在每个省级行政区域都建有火电厂的情况，一般都是分公司（或子公司，子公司都有法定代表人），且分公司持有营业执照（营业执照上明确载明单位负责人）；对于个人独资或者合伙人性质的“非法人企业”，原本也没有“法定代表人”的情况，个体工商登记中也明确载明了个体主体。也就是说，对于设立分公司或个体工商户或事业单位的情况，营业执照或个体工商登记上载明的“负责人”就是我国法定组织机构中承担法律责任的主体，理所当然要由其来签署承诺书，并承担相应的法律责任，这是界定实际负责人的唯一的法定依据。

据此，不难确定以下复杂法人治理结构企业的“实际负责人”。某大型央企在各省设有分公司（有营业执照，属二级法人，实为单位负责人），且分公司内还设立厂矿（有营业执照，属三级法人，实为单位负责人），厂矿下还设立分厂［位于不同的市（区、县），但没有营业执照］。根据《排污许可证管理暂行规定》（环水体〔2016〕186号），位于不同地点的排污单位应当分别申请和领取排污许可证，即上述案例中位于不同市（区、县）的分厂应分别申请和领取排污许可证。承诺书中应该由厂矿（有营业执照，属三级法人，实为单位负责人）的单位负责人签署承诺，而不应由分厂厂长来签署承诺。

91．什么是排污口和监测孔规范化设置要求？

《排污许可证管理暂行规定》（环水体〔2016〕186 号）第十七条第（三）款规定，排污单位按照有关要求进行排污口和监测孔规范化设置的情况说明。有核发权限的环境保护主管部门有要求时，还需要在国家排污许可申请子系统中以附件形式上传排污口和监测孔规范化设置的情况说明。

《中华人民共和国水污染防治法》（2018 年 1 月 1 日起施行）第二十二条规定，向水体排放污染物的企业事业单位和其他生产经营者，应当按照法律、行政法规和国务院环境保护主管部门的规定设置排污口；在江河、湖泊设置排污口的，还应当遵守国务院水行政主管部门的规定。

排污口设置还应符合《排污口规范化整治技术要求（试行）》（环监〔1996〕470 号）和《地表水和污水监测技术规范》（HJ/T 91）等的要求。

监测孔设置还应符合《 固定污染源烟气排放连续监测系统技术要求及检测方法（试行）》（HJ/T 76）、《固定源废气监测技术规范》（HJ/T 397）等的要求。

92．申请系统中无法上传附图或附件的问题。

排污许可申请系统会要求企业上传生产工艺流程图、生产厂区总平面布置图、守法承诺书、排污许可证申领信息公开情况说明表、申请年排放量限值计算过程等附图附件，并规定生产工艺流程图、生产厂区总平面布置图文件格式为图片格式，包括 jpg、jpeg、gif、bmp、png，且大小不能超过 50 MB，图片分辨率不能低于 72 dpi。其他上传附件格式可为 doc、docx、xls、xlsx、pdf、zip、rar、jpg、png、gif、bmp、dwg 等，且文件最大为 1 000 MB。

实际上传过程中虽然满足了上述条件，但可能仍不能上传成功，可以把上传文件名加后缀（小黑点加小写字母）后上传。若上传仍不成功，此时可以修改 IE

浏览器的设置：

打开 IE 浏览器（以 IE8 为例），找到设置＞＞internet 选项，打开对话框；在弹出的对话框中选择“安全”＞＞“自定义级别”；将“ActiveX”控件和插件相关设置中的选项进行如下调整（未涉及的为默认配置，一般不需要更改）：

ActiveX 控件自动提示（启用）；对标记为可安全执行脚本的 ActiveX 控件执行脚本（启用）；对未标记为可安全执行脚本的 ActiveX 控件初始化并执行脚本（提示）；二进制和脚本行为（启用）；仅允许经过批准的域在未经提示的情况下使用 ActiveX（启用）；下载未签名的 ActiveX 控件（提示）；下载已签名的 ActiveX 控件（启用）。

第十六章
提交申请与审批

93．在排污许可申报系统中数据填报完毕后，为何系统仍显示为未完成的状态？

国家排污许可申请子系统设计上，只有在填报完排污单位基本情况、大气污染物排放信息、水污染物排放信息等10张表单后才能在申报平台系统上进行申报前信息公开。但经常出现在某张表单中填完了该填的数据后，申报系统仍显示未完成的状态，导致不能正常地填报下一张表单，或不能提交予以公开。出现这种情况很可能就是填报完某张表单后仅仅点了“暂存”按钮，没有继续点“下一步”，而是通过左侧“企业填报信息”栏直接进入了下个表单的填报。因此，当出现这种情况时，在相应表单界面，点击“暂存”按钮，并继续点“下一步”，相应表单就会显示已完成的状态。同样，对于只有废水排放而没有废气排放的排污单位，填完申请材料所有信息后（废气相关的没有填），却不能信息公开，此时可以在大气污染物排放信息相关表单点“暂存”，然后点“下一步”即可忽略相应内容的填报，使申请系统相应表单显示为完成状态，从而实现信息的公开功能。

94．排污许可证核发机关不要轻易点击“不予受理”操作？

国家排污许可申请子系统中，“不予受理”指不需要申请排污许可的，或不属于核发权限范围的情况，同时告之排污单位正确的核发机关。核发机关“不予受理”后，当前的管理系统环境下，排污单位申报端将只生成“我要申报”选项，而不会出现“继续申报”选项，以前填报数据可能被清零，需要从头至尾重新予以填报。因此，为避免对申报单位造成不必要的损失，排污许可证核发机关不要轻易点击“不予受理”操作。如果做出了“不予受理”的处理意见，建议排污单位尝试向系统管理后台申请提取回原来已经填报了的数据。

如果企业未进行申请前信息公开就直接提交了，排污许可证核发机关应退回本次申请，其操作方式为先“市级受理”，再“办理”，最后“补件”，千万不要点击“不予受理”。

95. 核发机关网上受理申请材料后可以修改哪些内容？

根据《排污许可证管理暂行规定》（环水体〔2016〕186 号），排污单位对申请材料的真实性、合法性、完整性负法律责任。在全国排污许可证管理信息平台的设计过程中，企业填写的基本信息，环保部门没有修改权限，如果排污单位在提交申请后，仍需要修改的，应向核发机关提出退回申请，核发机关同意后，可点击“退回补件”，排污单位方可进行修改。排污单位申请的许可事项和管理要求，环保部门拥有修改权限，对于申请内容不能满足现有管理要求，可以依法依规进行修改并做出许可，无须要求排污单位重新提交申请，但对于修改的内容应说明修改依据备查。

96. 核发机关应如何核发排污单位执行报告要求？

核发机关应整合总量控制、排污收费、环境统计等各项环境管理的数据上报要求，并参照“行业排污许可证申请与核发技术规范”中“执行报告编制规范”，在排污许可证中根据各项环境管理要求，确定执行报告的内容与频次。

排污单位应至少每年上报一次许可证年度执行报告，对于持证时间不足三个月的，当年可不上报年度执行报告，许可证执行情况纳入下一年年度执行报告。年度执行报告包括企业规模、产品、产量、装备等基本信息，并系统分析生产负荷、污染物产生和排放、污染治理设施运行、许可限值达标情况、自行监测、台账建立与记录以及许可证规定的各项相关环境义务履行等情况。

每月或每季度向环境保护主管部门上报主要污染物的实际排放量报表、达标判定分析说明及治污设施异常情况汇总表。每半年提交一次半年执行报告，报告内容主要包括生产情况报表、主要污染物的超标时段自动监测小时均值报表、主要污染物实际排放量及排污费（环境保护税）申报表和污染治理设施异常情况汇总表。

97. 核发机关应如何核发排污单位环境信息公开要求?

核发机关应根据《企业事业单位环境信息公开办法》(环境保护部令第 31 号)，核发排污单位环境信息公开要求。

设区的市级人民政府环境保护主管部门应当于每年 3 月底前确定本行政区域内重点排污单位名录，并通过政府网站、报刊、广播、电视等便于公众知晓的方式公布。

重点排污单位应当通过其网站、企业事业单位环境信息公开平台或者当地报刊等便于公众知晓的方式公开环境信息，同时可以采取以下一种或者几种方式予以公开：（一）公告或者公开发行的信息专刊；（二）广播、电视等新闻媒体；（三）信息公开服务、监督热线电话；（四）本单位的资料索取点、信息公开栏、信息亭、电子屏幕、电子触摸屏等场所或者设施；（五）其他便于公众及时、准确获得信息的方式。

重点排污单位应公开下列信息：（一）基础信息，包括单位名称、组织机构代码、法定代表人、生产地址、联系方式，以及生产经营和管理服务的主要内容、产品及规模；（二）排污信息，包括主要污染物及特征污染物的名称、排放方式、排放口数量和分布情况、排放浓度和总量、超标情况，以及执行的污染物排放标准、核定的排放总量；（三）防治污染设施的建设和运行情况；（四）建设项目环境影响评价及其他环境保护行政许可情况；（五）突发环境事件应急预案；（六）其他应当公开的环境信息；（七）列入国家重点监控企业名单的重点排污单位还应当公开其环境自行监测方案。

重点排污单位之外的企业事业单位可以参照环境保护部令第 31 号文规定公开其环境信息。

98．什么情况下核发机关可以撤销排污许可决定?

《排污许可证管理暂行规定》（环水体〔2016〕186 号）第二十六条规定：有下列情形之一的，排污许可证核发机关或其上级机关，可以撤销排污许可决定并及时在国家排污许可证管理信息平台上进行公告。

（一）超越法定职权核发排污许可证的。

（二）违反法定程序核发排污许可证的。

（三）核发机关工作人员滥用职权、玩忽职守核发排污许可证的。

（四）对不具备申请资格或者不符合法定条件的申请人准予行政许可的。

（五）排污单位以欺骗、贿赂等不正当手段取得排污许可证的。

（六）依法可以撤销排污许可决定的其他情形。

如果排污单位的申请材料不真实、不合法，排污许可核发机关没能审核出来，并做出了许可决定。根据环水体〔2016〕186 号文，排污单位对申请材料的真实性、合法性、完整性负法律责任，核发机关对材料的完整性、规范性进行审查。因此，此种情况由排污单位承担责任，如果出现重大问题，核发机关可以对已发的排污许可证依法撤销。

99．排污许可证应加盖什么样的印章?

《中华人民共和国行政许可法》（2004 年 7 月 1 日起施行）第二条规定，本法所称行政许可，是指行政机关根据公民、法人或者其他组织的申请，经依法审查，准予其从事特定活动的行为。《中华人民共和国行政许可法》第三十九条规定，行政机关做出准予行政许可的决定，需要颁发行政许可证件的，应当向申请人颁发加盖本行政机关印章的行政许可证件，包括：（一）许可证、执照或者其他许可证书；（二）资格证、资质证或者其他合格证书；（三）行政机关的批准文件或者证明文件；（四）法律、法规规定的其他行政许可证件。

毫无疑问，排污许可属于《行政许可法》约束范围，且与工商营业执照、环境影响评价工程师资格证、建设项目环境影响评价资质证等具有相同行政许可属性，有核发权的环境保护主管部门应在排污许可证上加盖本行政机关印章。

排污许可是法定意义上的行政许可，与一般意义上的行政审批有明显的不同。行政审批的概念无论其内涵还是外延都要比行政许可宽泛得多，两者在适用范围、设定条件、指向的对象等方面有明显的不同。《行政许可法》实施前业已存在的行政审批，如果符合《行政许可法》的规定，则应转化为行政许可，其设定和实施应当严格按照《行政许可法》的规定进行规范。由于性质决定，行政许可并不能完全取代行政审批，在实际工作中，行政许可与行政审批将长期同时存在。

因此，排污许可证上加盖的本行政机关印章不同于行政审批专用章。行政审批专用章，一般指进驻行政审批服务中心、市民大厅或综合便民服务窗口等的各部门，在受理、审批和完成审批工作后所使用的公章，在行政审批和政务服务工作中具有与行政审批机关行政印章同等的法律效力。审批专用章的使用具有唯一性，即行政审批专用章仅限于在行政审批服务中心、市民大厅或综合便民服务窗口等内使用，不得异地挪用。

100．已取得和暂时还未取得排污许可证的排污单位应关注哪些事项？

全国排污许可第一批试点单位根据《关于开展火电、造纸行业和京津冀试点城市高架源排污许可证管理工作的通知》（环水体〔2016〕189 号）要求，已基本完成排污许可的申领和核发工作。没有按期取得排污许可证的从 2017 年 7 月 1 日起必须依法停产，否则将面临法律的处罚。成都市环境保护局官方微信公众号“成都环保”公布，全市 46 家企业已取得排污许可证，另外 12 家企业必须全部停产，同时部署各区（县）环保部门和市环境监察支队现场监察。因此，还没有取得排污许可证的企业，建议尽快整改达到取证条件，早日实现生产合法化。

同时，已取得排污许可证的，也不要万事大吉，排污许可管理工作才开始。环水体〔2016〕189 号文提出了两个阶段性工作目标：第一个目标已完成，但第二个工作目标“从 2017 年 7 月 1 日起，现有相关企业必须持证排污，并按规定建立自行监测、信息公开、记录台账及定期报告制度”。

还有，第一批试点单位排污许可取证是集中取证，或许部分企业并未完全符合取证条件，如大多数小型造纸企业废水总排放口 pH、化学需氧量等并未按《排污单位自行监测技术指南 造纸工业》（HJ 821—2017）要求实现在线监测等，核发机关在核发时已提出了整改要求。提请此类排污单位知晓《中华人民共和国水污染防治法》（2018 年 1 月 1 日起实施）第八十二条第（二）款规定：有下列行为之一的，由县级以上人民政府环境保护主管部门责令限期改正，处二万元以上二十万元以下的罚款；逾期不改正的，责令停产整治：

（一）未按照规定对所排放的水污染物自行监测，或者未保存原始监测记录的。

（二）未按照规定安装水污染物排放自动监测设备，未按照规定与环境保护主管部门的监控设备联网，或者未保证监测设备正常运行的。

（三）未按照规定对有毒有害水污染物的排污口和周边环境进行监测，或者未公开有毒有害水污染物信息的。

另外，虽然新修订的《中华人民共和国水污染防治法》自 2018 年 1 月 1 日起才开始实施，但现行的《中华人民共和国水污染防治法》当前仍然有效，同时 HJ 821 —2017 标准已于 2017 年 6 月 1 日起实施。总之，当前还没实现自动监测的排污单位应尽快安装自动监测设备，避免法律风险。

附录一：
《控制污染物排放许可制实施方案》30问

为落实《控制污染物排放许可制实施方案》（国办发〔2016〕81号），环境保护部印发了《排污许可证管理暂行规定》（环水体〔2016〕186号）和《关于开展火电、造纸行业和京津冀试点城市高架源排污许可管理工作的通知》（环水体〔2016〕189号）。为便于各地深刻理解上述文件精神，环保部排污许可专项小组研究制订了《〈控制污染物排放许可制实施方案〉30问》。

1．目前排污许可制度的法律依据有哪些？

《水污染防治法》第二十条规定：国家实行排污许可制度。直接或者间接向水体排放工业废水和医疗污水以及其他按照规定应当取得排污许可证方可排放的废水、污水的企业事业单位，应当取得排污许可证；城镇污水集中处理设施的运营单位，也应当取得排污许可证。禁止企业事业单位无排污许可证或者违反排污许可证的规定向水体排放前款规定的废水、污水。《大气污染防治法》第十九条规定：排放工业废气或者本法第七十八条规定名录中所列有毒有害大气污染物的企业事业单位、集中供热设施的燃煤热源生产运营单位以及其他依法实行排污许可管理的单位，应当取得排污许可证。《环境保护法》第四十五条规定：国家依照法律规定实行排污许可管理制度。实行排污许可管理的企业事业单位和其他生产经营者应当按照排污许可证的要求排放污染物；未取得排污许可证的，不得排放污染物。《水污染防治法》和《大气污染防治法》均规定排污许可的具体办法和实施步骤由国务院规定。

《控制污染物排放许可制实施方案》（以下简称《方案》）的发布，是落实党中央、国务院的决策部署，是依法明确排污许可的具体办法和实施步骤的指导性文件。

2. 为什么我国排污许可要实施综合许可、一证式管理？

实施综合许可，是指将一个企业或者排污单位的污染物排放许可在一个排污许可证集中规定，现阶段主要包括大气和水污染物。这一方面是为了更好地减轻企业负担，减少行政审批数量；另一方面是避免为了单纯降低某一类污染物排放而导致污染转移。环保部门应当加大综合协调，充分运用信息化手段，做好不同环境要素的综合许可。

一证式管理既指大气和水等要素的环境管理在一个许可证中综合体现，也指大气和水等污染物的达标排放、总量控制等各项环境管理要求；新增污染源环境影响评价各项要求以及其他企事业单位应当承担的污染物排放的责任和义务均应当在许可证中规定，企业守法、部门执法和社会公众监督也都应当以此为主要或者基本依据。

3. 通过实施排污许可制如何改善环境质量？

当前我国环境管理的核心是改善环境质量。减少污染物排放是实现环境质量改善的根本手段。固定污染源是我国污染物排放主要来源，且达标排放情况不容乐观。排污许可证抓住固定污染源实质就是抓住了工业污染防治的重点和关键。对于现有企业，减排的方式主要是生产工艺革新、技术改造或增加污染治理设施、强化环境管理，排污许可证重点对污染治理设施、污染物排放浓度、排放量以及管理要求进行许可，通过排污许可证强化环境保护精细化管理，促进企业达标排放，并有效控制区域流域污染物排放量。

《方案》提出了多项以排污许可证为载体，不断降低污染物排放，从而促进改善环境质量的制度安排。一是对于环境质量不达标或有改善任务的地区，省级人民政府可以通过提高排放标准，加严排污单位的许可排放浓度和排放量，从而达到改善环境质量目的；二是环境质量不达标地区，对环境质量负责的县级以上地方人民政府可通过依法制订环境质量限期达标规划，对排污单位提出更加严格的要求；三是各地方人民政府依法制订的重污染天气应对措施，以及地方限期达标规划或有关水污染防治应急预案中枯水期环境管理要求等，针对特殊时段排污行为提出更加严格的要求，在许可证中载明，使得企业对污染物排放精细化管理的预期明确，有效支撑环境质量改善。

4. 排污许可制度如何实现污染物总量控制相关要求？

排污许可制度是落实企事业单位总量控制要求的重要手段，通过排污许可制改革，改变从上往下分解总量指标的行政区域总量控制制度，建立由下向上的企事业单位总量控制制度，将总量控制的责任回归到企事业单位，从而落实企业对其排放行为负责、政府对其辖区环境质量负责的法律责任。

排污许可证载明的许可排放量即为企业污染物排放的“天花板”，是企业污染物排放的总量指标，通过在许可证中载明，使企业知晓自身责任，政府明确核查重点，公众掌握监督依据。一个区域内所有排污单位许可排放量之和就是该区域固定源总量控制指标，总量削减计划即是对许可排放量的削减；排污单位年实际排放量与上一年度的差值，即为年度实际排放变化量。

改革现有的总量核算与考核办法，总量考核服从质量考核。把总量控制污染物逐步扩大到影响环境质量的重点污染物，总量控制的范围逐步统一到固定污染源，对环境质量不达标地区，通过提高排放标准等，依法确定企业更加严格的许可排放量，从而服务改善环境质量的目标。

5. 排污许可制如何与环评制度衔接？

环境影响评价制度与排污许可制度都是我国污染源管理的重要制度。如何实现环评制度和排污许可制度的有效衔接是排污许可制改革的重点。《方案》中提出，通过改革实现对固定污染源从污染预防到污染管控的全过程监管，环评管准入，许可管运营。

环评制度重点关注新建项目选址布局、项目可能产生的环境影响和拟采取的污染防治措施。排污许可与环评在污染物排放上进行衔接。在时间节点上，新建污染源必须在产生实际排污行为之前申领排污许可证；在内容要求上，环境影响评价审批文件中与污染物排放相关内容要纳入排污许可证；在环境监管上，对需要开展环境影响后评价的，排污单位排污许可证执行情况应作为环境影响后评价的主要依据。

6．哪些企业将纳入排污许可管理？

在《中华人民共和国水污染防治法》《中华人民共和国大气污染防治法》的法律框架下，《方案》要求环保部制定固定污染源排污许可分类管理名录（以下简称名录），在名录范围内的企业将纳入排污许可管理。名录主要包括实施许可证的行业、实施时间。排污许可分类管理名录是一个动态更新名录，它将根据法律法规的最新要求和环境管理的需要进行动态更新。

名录是以《国民经济行业分类》为基础，按照污染物产生量、排放量以及环境危害程度的大小，明确哪些行业实施排污许可，以及这些行业中的哪些类型企业可实施简化管理。名录还将规定国家按行业推动排污许可证核发的时间安排；对于国家暂不统一推动的行业，地方可依据改善环境质量的要求，优先纳入排污许可管理的行业。名录的制定将向社会公开征求意见。

对于移动污染源、农业面源，不按固定污染源排污许可制进行管理。

7．排污许可证的核发权限是如何规定的？

排污许可证核发权限确定的基本原则是“属地监管”以及“谁核发、谁监管”。根据《方案》，核发权限在县级以上地方环保部门。具体来看，随着省级以下环保机构监测监察执法垂直管理制度改革试点工作的开展，地市级环保部门将承担更多的核发工作。对于地方性法规有具体要求的，按其规定执行。如宁夏回族自治区已通过《宁夏回族自治区污染物排放管理条例》，该条例明确“对于总装机容量超过30万kW以上的燃煤电厂及石油化工”等重点排污单位，其排污许可证的核发权限为自治区环境保护主管部门。环保部将尽快制定相关文件，进一步明确排污许可证的核发权限。

此外，《方案》中还明确上级环保部门可依法撤销下级环保部门核发的排污许可证。《行政许可法》中可以撤销不当行政许可的各种情形，也同样适用于排污许可证的核发。

8．企业申请排污许可证应提交什么材料？

企业提交的排污许可申请材料和守法承诺书是环保部门核发排污许可证的主

要依据。企业应对申请材料的真实性、合法性、完整性负法律责任。《方案》提出，申报材料要明确申请的污染物排放种类、浓度和排放量。环保部正在制定排污许可管理的相关配套文件，以及申请时需要提交的守法承诺书和排污许可证申请表样本，并依据《方案》的规定，进一步细化排污许可证申请表中企业需要填报和申请的各项内容。

9. 环保部门核发许可证需要审核什么内容？

环保部门在核发许可证之前应结合管理要求和政府部门掌握的情况，对申请材料进行认真审核。审核主要包括以下几个方面：一是申请排污许可证的企事业单位的生产工艺和产品不属于国家或地方政府明确规定予以淘汰或取缔的；二是申请的企业不应位于饮用水水源保护区等法律法规明确规定禁止建设区域内；三是有符合国家或地方要求的污染防治设施或污染物处理能力；四是申请的排放浓度符合国家或地方规定的相关标准和要求，排放量符合相关要求，对新改扩建项目的排污单位，还应满足环境影响评价文件及其批复的相关要求；五是排污口设置符合国家或地方的要求等。

企业提交的排污许可申请材料和守法承诺书是环保部门核发排污许可证的主要依据，《方案》明确提出企业应对申请材料的真实性、合法性、完整性负法律责任。环保部门对于申请材料完整、符合要求的企业，直接依法核发许可证。此外，核发的排污许可证是企业排放污染物的“天花板”，是企业守法的最基本要求，满足这些要求是企业基本的法定义务，这也是排污许可证作为企业守法、政府执法、公众监督依据的由来。换言之，对于应当承担的环保责任完全相同的两个企业，不论实际排放情况如何，排污许可证核定的排放量和管理要求将会是一致的。《方案》同时还规定，对于申请材料存在疑问、企业环境信用不好、有环境举报投诉等情况的，环保部门可开展现场核查。

10. 污染防治措施发生变化是否需要重新申请排污许可证？

污染防治措施是确保企业按证排污的前提和保障，但许可证制度设计中并未将其纳入许可事项，主要从鼓励企业不断提高污染治理水平的角度考虑。在不属于环境影响评价制度有关规范性文件确定的重大变更的情形下，企业污染治理措施发生变化时，如果有利于减少污染物的排放或者不增加污染物排放，这是允许的，不需要向环保部门申请变更排污许可证，但需在按规定上报的执行报告中予以详细说明；如果污染治理措施发生的变化导致增加污染物排放量，企业则需要申请变更排污许可证。

为较好地判断污染治理措施发生变化后环境影响变化情况，环保部门将依据排污许可证推进时间进度安排，按行业逐步出台各行业污染治理最佳可行技术指南，如果企业治理措施的变化均在可行技术范围内，且不新增污染物种类，则认为其污染物排放量在允许范围内，无须申请变更排污许可证；如不在此范围内，企业需要提供证明材料和监测数据，并向环保部门申请变更排污许可证。

11.《方案》发布后，地方现有已经核发的排污许可证如何管理？

由于我国现有各地方排污许可证存在许可内容不统一、许可要求不统一、许可规范不统一等问题，而本次改革的目标之一就是要统一规范管理全国排污许可证，实现企业和地区之间的公平。因此，依据地方性法规核发的排污许可证仍然有效。对于依据地方政府规章等核发的排污许可证，持证企事业单位和其他生产经营者应按照排污许可分类管理名录的时间要求，向具有核发权限的机关申请核发排污许可证。核发机关应当在国家排污许可证管理信息平台填报数据，获取排污许可证编码，换发新的全国统一的排污许可证，从而纳入新系统进行管理。如果不能满足最新的许可要求，则应当要求企业在规定时间内向核发机关申请变更排污许可证。

12. 排污许可证包括什么内容？

许可证主要内容包括基本信息、许可事项和管理要求三方面。

一、基本信息主要包括：排污单位名称、地址、法定代表人或主要负责人、社会统一信用代码、排污许可证有效期限、发证机关、证书编号、二维码以及排污单位的主要生产装置、产品产能、污染防治设施和措施、与确定许可事项有关的其他信息等。

二、许可事项主要包括：（一）排污口位置和数量、排放方式、排放去向；（二）排放污染物种类、许可排放浓度、许可排放量；（三）重污染天气或枯水期等特殊时期许可排放浓度和许可排放量。

三、管理要求主要包括：（一）自行监测方案、台账记录、执行报告等要求；（二）排污许可证执行情况报告等的信息公开要求；（三）企业应承担的其他法律责任。

上述事项中，许可事项和管理要求是企业持证排污必须严格遵守的。确有必要改变的，应办理排污许可证变更手续。基本信息中有关规模、地点及采用的生产工艺或者防治污染措施，如果发生重大变动，应当按照环境影响评价制度的相关规定履行法律义务。

13．为什么排污许可证要把生产工艺和设备等内容也载明？

首先排污许可证副本载明主要生产工艺和设备是在许可证中记录，而非进行许可。记录这些信息是出于以下四个方面的考虑。

第一，贯彻全过程控制的环境管理基本理念，将产污、治污、排污全过程纳入排污许可证的管理，载明与产污直接相关的工艺和设备信息，有利于分析污染物不能稳定达标排放的原因并及时采取有效可行的改进措施。

第二，生产工艺和装备与固定污染源污染物的产生量密切相关，同一产品采用不同工艺，其产生的污染物可能会产生数量级的差别，载明生产工艺和设备是测算污染物排放量的基础。

第三，排污许可证将许可排放量的核算细化至每一个主要污染源和排污口，而这些排污口往往与生产工艺设备具有一一对应关系。

第四，对于新增污染源，生产工艺和设备源自企业的环评文件或相关申请资料，在排污许可证中载明并延续，是判断企业整个生产过程是否发生重大变更的依据之一。

14．为什么现有企业的许可限值原则上按排放标准和总量指标来确定？

企业达标排放和满足总量指标控制要求是现有企业污染治理的最基本要求，超标和超总量排放污染物将依法实施处罚，国家层面对于现有企业其许可限值按达标排放和总量控制指标来核定，即不因为实施排污许可制改革而增加对企业的额外负担，这有利于排污许可证制度顺利与现有环境管理要求相衔接，从而保障排污许可制度的有效推行，以最小的制度改革成本推进制度的快速落地，实现管理效能的提高。同时也有利于实现企业间的公平。

此外，《方案》同时也指出对于环境质量不达标或有改善需求的地区，环保部门可以通过提高排放标准、制定环境质量限期达标规划等手段对排污单位提出更加严格的要求。

15．地方重污染天气应急预案、环境质量限期达标规划的内容如何纳入企事业单位的排污许可证？

《中华人民共和国大气污染防治法》明确提出国家要建立重污染天气监测预警体系。地方人民政府应当依据重污染天气的预警等级，根据应急需要可以采取包括责令有关企业停产或者限产的应急措施。因此在排污许可的制度设计中，要求将地方依法依规制定的重污染天气应急预案、环境质量限期达标规划等文件中对辖区内企业污染物排放的具体要求纳入企业的排污许可证中，以法律文书的形式，明确特殊时期和环境质量不达标地区的企业应当承担的减排义务。

上述所指的特殊时期主要由下列文件规定：如①设区的市级以上人民政府和可能发生重污染天气的县级人民政府，依法制定的重污染天气应急预案；②国家或所在地区人民政府依规制定的冬防措施、重大活动保障措施等文件；③地方限期达标规划或有关水污染防治应急预案对枯水期等特殊时期污染物排放控制要求等。

在许可证有效期内，国家或企业所在地区人民政府发布新的特殊时段要求的，企业应当申请许可证变更，按照新的要求进行排放。排污许可证也应当依法遵守并明确要求。

16．排污许可证的有效期为什么首次核发为3年，延续核发是5年？

为结合我国国民经济和社会发展5年计划的制度安排，兼顾排污许可相对稳定的需要，排污许可证的有效期原则上为5年。但考虑到改革从易到难，逐步完善的需要，对于此次改革开始后首次核发的排污许可证有效期确定为3年。这主要考虑以下两个方面的因素。

第一，有利于推动改革。目前各地对现有企业核发的排污许可证有效期限为

1 年至 5 年不等，且管理要求和许可内容存在较大差异，短时间内要实现全国统一难度大，需要有一个逐步完善的过程，因此设定一个折中的有效期限有利于确保改革的正确方向。

第二，有利于对新建项目及时完善环境管理。对于新建项目，由于企业刚刚从建设期转入生产运行期，各项污染治理设施、环境管理制度、管理水平均需要不断调试与完善，对执行排污许可事项和管理要求存在较大不确定性，缩短有效期有利于企业减少办理许可证变更手续。

17．环保部对于排污许可证核发工作的具体时间安排是什么？

根据《方案》，环保部将在现有环保法律的框架体系下，以排污许可管理名录为基础，按行业分步推动排污许可证的核发。2016 年率先开展火电、造纸行业企业许可证核发工作；2017 年完成“水十条”“大气十条”重点行业及产能过剩行业企业许可证核发，重点包括石化、化工、钢铁、有色、水泥、印染、制革、焦化、农副食品加工、农药、电镀等；2020 年全国基本完成名录规定行业企业的许可证核发。

18．为什么选择火电和造纸两个行业先行核发排污许可证？

为使排污许可制度实施之初在全国易于推行，通过行业试点工作，形成可推广、可复制的行业排污许可管理经验，为在全国分批实施排污许可制度奠定基础。环保部在选取优先试点行业时主要考虑以下几个因素：

第一是污染物排放量大，具备试点意义。火电、造纸行业分别是我国大气和水污染重点控制行业。据统计，2014 年纳入环境统计的火电企业 3 288 家，其二氧化硫、氮氧化物和烟粉尘排放量分别占全国工业排放量的 40%、55.7%和 16.2%；纳入环境统计的造纸企业 4 664 家，其化学需氧量、氨氮排放量分别占全国工业排放量的 18.7%、7.9%。

第二是环境管理基础相对好。目前火电、造纸行业在自行监测开展、台账记录等方面有较好的基础；火电企业和造纸企业在原料、生产工艺等方面差异不大，便于开展排污许可证管理实践。

第三是污染物排放特征具有代表性。火电、造纸行业污染物排放种类包括废水、废气等，排污方式包含直接排放、间接排放等，通过制定排污许可技术规范，明确许可证中不同污染物排放种类和排污方式等，为其他行业实施排污许可提供经验借鉴。

19. 企业依证排污的主体责任和应尽的义务包括哪些？

排污许可证制度改革的目的之一就是要进一步厘清政府、企业之间的责任，政府对企业不再进行"家长式"和"保姆式"监督把关。企业作为排污者要承诺：依法承担防止、减少环境污染的责任；持证排污、按证排污，不得无证排污；落实污染物排放控制措施和其他环境管理要求；说明污染物排放情况并接受社会监督；明确单位责任人和相关人员的环境保护责任。

《方案》结合环境治理体系和监管执法改革理念，提出排污许可制实施后，企业环境保护的主体责任应包括以下几个方面：（一）企业自行申领排污许可证并对申请材料的真实性、准确性和完整性承担法律责任，（二）依证自主管理排污行为的责任，（三）通过自行或委托开展监测、建立排污台账、按期报告持证排污情况等自证守法的责任，（四）依法依证进行信息公开的责任，（五）当产排污情况等发生变更时或许可证到期应自行申请变更或延期的责任。

本着诚信原则，通过承诺守法的方式，强化企业环境保护主体责任。逐步营造排污者如实申报、监管者阳光执法、社会共同监督的环境治理氛围，形成系统完整、权责清晰、监管有效的污染管理新格局。

20. 企业如何通过自行监测说明自身污染物的排放情况？

企业开展自行监测，向社会公开污染物排放状况是其应尽的法律责任。我国《环境保护法》的第四十二条、第五十五条，《水污染防治法》的第二十三条和《大气污染防治法》的第二十四条均有明确规定。

自行监测结果是评价排污单位治污效果、排污状况、对环境质量影响状况的重要依据，是支撑排污单位精细化、规范化管理的重要基础。《方案》明确了企事业单位符合法定要求的在线监测数据可以作为环境保护部门监管执法的依据。当环保部门检查发现实际情况与企业的环境管理台账、排污许可执行报告等不一致或抽查发现有超标现象时，可以责令做出说明，排污单位可以通过提供自行监测原始记录来进行说明。

21．排污许可制实施后，环保部门如何实施环境监管？

排污许可制是固定污染源环境管理的基础制度，待制度完善后，对企业环境管理的基本要求均将在排污许可证中载明，因此今后对固定污染源的环境监管执法将以排污许可证为主要依据。对固定污染源的监管就是对企业排污许可证执行情况的监管，具体包括对是否持证排污的检查、对台账记录的核查、对自行监测结果的核实、对信息公开情况的检查以及必要的执法监测等，通过对企业自身提供的监测数据和台账记录的核对来判定企业是否依证排污；同时也可采取随机抽查的方式对企业进行实测，不符合排污许可证要求，企业应做出说明，未能说明并无法提供自行监测原始记录的，政府部门依法予以处罚。并将抽查结果在排污许可管理平台中进行记录，对有违规记录的，将提高检查频次。环保部将研究制定排污许可证监督管理的相关文件，进一步规范依证执法。

22．企业实际排放量如何确定？

实际排放量是判断企业是否按照许可证排污的重要内容，也是排污收费（环境保护税）、环境统计、污染源清单等工作的数据基础，确定实际排放量的基本原则是以“企业自行核算为主、环保部门监管执法为准、公众社会监督为补充”。具体如下：

企业自行核算为主：环保部门制定发布实际排放量核算技术规范，既指导企业自主核算实际排放量，又规范环保部门校核实际排放量，同时也可为社会公众监督提供参考。实际排放量核定方法采用的优先顺序依次包括在线监测法、手工监测法、物料衡算及排放因子法。对于应当安装而未安装在线监测设备的污染源及污染因子，以及数据缺失的情形，在实际排放量核算技术规范中，制定惩罚性的核算方法，鼓励企业按规定安装和维护在线监测设备。企业在线监测数据可以作为环保部门监管执法的依据。环境保护部正在按行业制定排污单位自行监测指南，规范排污单位自行监测点位、频次、因子、方法、信息记录等要求。企业根据许可证要求，按期核算实际排放量，并定期申报、公开。

环保部门监管执法为准：采用同一计算方法，当监督性监测核算的实际排放量与符合要求的企业在线监测、手工监测等核算的实际排放量不一致时，相应时段实际排放量以监督性监测为准。

公众社会监督为补充：环境保护部制定的实际排放量核算技术规范以及企业实际排放量信息向社会公开（涉密的除外），公众可以根据掌握的信息，对认为存在问题的进行核算、举报，提供线索。

23. 无证排污或不按证排污将会受到哪些处罚？

我国的《大气污染防治法》明确规定无证排污的处罚包括责令改正或者限制生产、停产整治，并处十万元以上一百万元以下的罚款；情节严重的，报经有批准权的人民政府批准，责令停业、关闭。

对不按证排污如①超标排放或者超总量排放的，将责令改正或者限制生产、停产整治，并处十万元以上一百万元以下的罚款；情节严重的，报经有批准权的人民政府批准，责令停业、关闭；②侵占、损毁或者擅自移动、改变大气环境质量监测设施或者大气污染物排放自动监测设备的，未按照规定对所排放的工业废气和有毒有害大气污染物进行监测并保存原始监测记录的，未按照规定安装、使用大气污染物排放自动监测设备或者未按照规定与环境保护主管部门的监控设备联网，并保证监测设备正常运行的；未按照规定设置大气污染物排放口的，将责令改正，处二万元以上二十万元以下的罚款；拒不改正的，责令停产整治。

该法同时还规定，对无证排污、不按证排污中的超标或超总量排放以及通过逃避监管的方式排放大气污染物的，可依法实施按日连续处罚。

24. 电厂超低排放应当怎么申领许可证？

国家鼓励企业自愿实施严于许可排放浓度和排放量的行为，以电厂超低排放为例，如果按照当地环境管理要求，企业依据《火电厂大气污染物排放标准》核定许可排放浓度和排放量，企业如自行承诺实行超低排放，许可证当中除了核定许可排放量和排放浓度外，还要载明超低排放的浓度限值要求，以及具备达到超低排放标准限值相应的污染治理设施或管理要求等，排污许可证监管执法时，除了对照许可排放量和排放浓度落实情况外，还要对超低排放情况进行检查。确能达到超低排放的，可按照规定享受国家和地方环保电价、减征排污费和税收等激励政策。超过许可排放要求的，将予以处罚。

25. 排污许可证与排污权交易是什么关系？

排污许可证是排污权的确认凭证，但不能简单以许可排放量和实际排放量的差值作为可交易的量，企业通过技术进步、深度治理，实际减少的单位产品排放量，方可按规定在市场交易出售；此外，实施排污权交易还应充分考虑环境质量改善的需求，要确保排污权交易不会导致环境质量恶化。排污许可证是排污交易的管理载体，企业进行排污权交易的量、来源和去向均应在许可证中载明，环保部门将按排污权交易后的排放量进行监管执法。国家对排污权交易将另行出台规定。

26. 为什么要建设全国统一的许可证管理信息平台？

建设全国统一的许可证信息管理平台是本次排污许可制改革的又一项重点工作，该平台既是审批系统又是数据管理和信息公开系统，排污单位在申领许可证前和在许可证执行过程中均应按要求公开排污信息，核发机关核发许可证后应进行公告，并及时公开排污许可监督检查信息。同时鼓励社会公众、新闻媒体等对排污单位的排污行为进行监督。通过建立统一平台，至少有以下三个方面的作用。

第一，规范排污许可证的核发。全国排污单位向同一个平台提交排污许可申请和执行材料，并全过程留下记录和数据，可有效规范排污许可的实施。

第二，统一的许可证信息平台建设可实现固定污染源污染物排放数据的统一管理，一是为每个企业的排污许可证实现唯一编码，二是将每个企业内部的各主要污染物排放设施和排放口进行唯一编码，三是为实现排污收费、环境统计、排污权交易等工作污染物排放数据统一创造条件。

第三，统一平台可及时掌握全国污染物排放的时间和空间分布情况，有利于区域流域调控，为改善环境质量打好基础。

同时，为了减少投资和重复建设，允许地方现有的排污许可信息管理平台接入国家平台。

27．为什么要统一排污许可证编码？排污许可证编码是什么样子的？

建立全国统一的排污许可证编码是推动固定污染源精细化管理的重要手段，是实现固定污染源信息化管理的基础，是建立全国污染源清单的重要技术支撑。因此，在排污许可制顶层设计方案中很早就提出要实现排污许可证编码的统一。

目前环保部已经基本完成排污许可证编码规则的制定，按此规则排污许可证的编码体系由固定污染源编码、生产设施编码、污染物处理设施编码、排污口编码4大部分共同组成。

固定污染源编码与企业实现一一对应，主要用于标识环境责任主体，它由主码和副码组成，其中主码包括18位统一社会信用代码、3位顺序码和1位校验码组成；副码为4位数的行业类别代码标识，主要用于区分同一个排污许可证代码下污染源所属行业，当一个固定污染源包含两个及以上行业类别时，将对应多个副码。

生产设施编码是指在固定污染源编码基础上，增加生产设施标识码和流水顺序码，实现企业内部设施编码的唯一性。生产设施标识码用MF表示，流水顺序码由4位阿拉伯数字构成。

治理设施编码和排污口编码由标识码、环境要素标识符（排污口类别代码）和流水顺序码3个部分共5位字母和数字混合组成，并与固定污染源代码一起赋予该治理设施或排污口全国唯一的编码。

28．在排污许可证的管理过程中，如何发挥公众的作用？

排污许可制强调信息公开，一是排污许可证申领、核发全过程在公众的监督之下开展，因此要求企业在申请前自行信息公开、政府在核发后发布公告，目的是让公众知晓哪些企业持证排污、知晓企业排污应当履行什么环保义务；二是企业在排污许可证执行过程中，应定期公布企业自行监测报告、污染物排放情况和执行报告等，目的是让公众及时了解企业污染物的实际排放情况；三是政府在监管执法过程中应及时公布监管执法信息，目的是让公众及时掌握企业守法情形。

通过多阶段、多层次、多主体的信息公开，让公众和社会知晓企业执行排污许可的情况，更有利于公众对无证排污、超证排污企业的监督，方便公众举报投诉。

29．环保部需要出台的规范主要有哪些？

为保障排污许可制度顺利实施，规范和指导企业、地方环保部门排污许可证的申请、受理、审核、执行和监管，环境保护部正在制定排污许可相关技术规范，主要包括管理规范性文件和技术规范性文件。管理规范性文件明确排污许可制配套技术体系构成、实施范围、实施计划等，解决许可证核发与监管过程中的程序性、内容性要求等，包括排污许可证管理暂行规定、排污许可管理名录等；技术规范性文件主要是统一并规范排污许可证申报、核发、执行、监管过程中的技术方法，包括排污许可证申请与核发技术规范、各行业污染源源强核算技术指南、污染防治最佳可行技术指南、自行监测技术指南、环境管理台账及排污许可证执行报告技术规范、固定污染源编码和许可证编码标准、信息大数据管理平台建设数据标准等。

30．企业如何自行填报许可证申请表？

排污许可制度设计，始终把减轻企业负担放在首位，尽量细化排污许可申请表的内容，增加其可操作性，为此我们重点进行以下三个方面的安排。

第一，企业填写排污许可证申请表是在排污许可管理信息平台中进行，在平台申请程序的设计中，我们将不断积累和完善各行业排污许可数据库，包括主要生产设备、产污环节、治理措施等，并逐步建立下拉式选择菜单，供企业填写申请表时进行选择，既方便企业填写，又有利于全国统一。环保部门还将制定发布系列技术规范，供企业、环保部门、社会公众共同遵守，最大限度减少企业填报的随意性和执法部门的自由裁量权。

第二，对于石化化工、钢铁等大型复杂的企业，可以委托第三方咨询机构协助填报，但企业仍应当对申请材料的真实性、准确性和完整性承担法律责任。

第三，通过排污许可制度实施，企业应当根据规定明确单位负责人和相关人员的责任，落实企业排污许可的专业人员，逐步提高企业申领、执行排污许可证的技术水平。

附录二：

固定污染源排污许可分类管理名录（2017 年版）

第一条 为实施排污许可证分类管理、有序发放，根据《中华人民共和国水污染防治法》《中华人民共和国大气污染防治法》《国务院办公厅关于印发控制污染物排放许可制实施方案的通知》（国办发〔2016〕81 号）的相关规定，特制定本名录。

第二条 国家根据排放污染物的企业事业单位和其他生产经营者污染物产生量、排放量和环境危害程度，实行排污许可重点管理和简化管理。

第三条 现有企业事业单位和其他生产经营者应当按照本名录的规定，在实施时限内申请排污许可证。

第四条 企业事业单位和其他生产经营者在同一场所从事本名录中两个以上行业生产经营的，申请一个排污许可证。

第五条 本名录第一至三十二类行业以外的企业事业单位和其他生产经营者，有本名录第三十三类行业中的锅炉、工业炉窑、电镀、生活污水和工业废水集中处理等通用工序的，应当对通用工序申请排污许可证。

第六条 本名录以外的企业事业单位和其他生产经营者，有以下情形之一的，视同本名录规定的重点管理行业，应当申请排污许可证：

（一）被列入重点排污单位名录的；

（二）二氧化硫、氮氧化物单项年排放量大于 250 吨的；

（三）烟粉尘年排放量大于 1 000 吨的；

（四）化学需氧量年排放量大于 30 吨的；

（五）氨氮、石油类和挥发酚合计年排放量大于 30 吨的；

（六）其他单项有毒有害大气、水污染物污染当量数大于 3 000 的（污染当量数按《中华人民共和国环境保护税法》规定计算）。

第七条 本名录由国务院环境保护主管部门负责解释，并适时修订。

第八条 本名录自发布之日起施行。

序号	行业类别	实施重点管理的行业	实施简化管理的行业	实施时限	适用排污许可行业技术规范
一、畜牧业 03					
1	牲畜饲养 031，家禽饲养 032	设有污水排放口的规模化畜禽养殖场、养殖小区（具体规模化标准按《畜禽规模养殖污染防治条例》执行）	—	2019年	畜禽养殖行业
二、农副食品加工业 13					
2	谷物磨制 131，饲料加工 132	有发酵工艺的	—	2020年	农副食品加工工业
3	植物油加工 133	—	不含单纯分装、调和植物油的	2020年	
4	制糖业 134	日加工糖料能力1 000吨及以上的原糖、成品糖或者精制糖生产	其他	2017年	
5	屠宰及肉类加工 135	年屠宰生猪10万头及以上、肉牛1万头及以上、肉羊15万头及以上、禽类1 000万只及以上的	其他	2018年	
6	水产品加工 136	年加工能力5万吨及以上的（不含鱼油提取及制品制造）	年加工能力1万吨及以上5万吨以下的	2020年	
7	其他农副食品加工 139	年加工能力 15 万吨玉米或者1.5万吨薯类及以上的淀粉生产或者年产能 1 万吨及以上的淀粉制品生产（含发酵工艺的淀粉制品除外）	除实施重点管理的以外，其他纳入2015年环境统计的淀粉和淀粉制品生产	2018年	
三、食品制造业 14					
8	乳制品制造 144	年加工20万吨及以上的以生鲜牛（羊）乳及其制品为主要原料的液体乳及固体乳（乳粉、炼乳、乳脂肪、干酪等）制品制造（不包括含乳饮料和植物蛋白饮料的生产）	其他	2019年	食品制造工业

序号	行业类别	实施重点管理的行业	实施简化管理的行业	实施时限	适用排污许可行业技术规范
9	调味品、发酵制品制造146	纳入2015年环境统计的含发酵工艺的味精、柠檬酸、赖氨酸、酱油、醋等制造	其他（不含单纯分装的）	2019年	食品制造工业
10	方便食品制造143，其他食品制造149	纳入2015年环境统计的有提炼工艺的方便食品制造、纳入2015年环境统计的食品及饲料添加剂制造（以上均不含单纯混合和分装的）	—	2019年	
四、酒、饮料和精制茶制造业15					
11	酒的制造151	啤酒制造、有发酵工艺的酒精制造、白酒制造、黄酒制造、葡萄酒制造	—	2019年	酒精、饮料制造工业
12	饮料制造152	含发酵工艺或者原汁生产的饮料制造	—	总氮、总磷控制区域2019年，其他2020年	
五、纺织业17					
13	棉纺织及印染精加工171，毛纺织及染整精加工172，麻纺织及染整精加工173，丝绢纺织及印染精加工174，化纤织造及印染精加工175	含前处理、染色、印花、整理工序的，以及含洗毛、麻脱胶、缫丝、喷水织造等工序的	—	含前处理、染色、印花工序的2017年，其他2020年	纺织印染工业
六、纺织服装、服饰业18					
14	机织服装制造181，服饰制造183	含水洗工艺工序的，有湿法印花、染色工艺的	—	2020年	纺织印染工业
七、皮革、毛皮、羽毛及其制品和制鞋业19					
15	皮革鞣制加工191，毛皮鞣制及制品加工193	含鞣制工序的	其他	含鞣制工序的制革加工2017年，其他2020年	制革及毛皮加工工业
16	羽毛（绒）加工及制品制造194	羽毛（绒）加工	—	2020年	羽毛（绒）加工工业

序号	行业类别	实施重点管理的行业	实施简化管理的行业	实施时限	适用排污许可行业技术规范
17	制鞋业195	使用溶剂型胶黏剂或者溶剂型处理剂的	—	2019年	制鞋工业
八、木材加工和木、竹、藤、棕、草制品业20					
18	人造板制造202	年产20万立方米及以上	其他	2019年	人造板工业
九、家具制造业21					
19	木质家具制造211，竹、藤家具制造212	有电镀工艺或者有喷漆工艺且年用油性漆（含稀释剂）量10吨及以上的、使用黏结剂的锯材、木片加工、家具制造、竹、藤、棕、草制品制造	有化学处理工艺的或者有喷漆工艺且年用油性漆（含稀释剂）量10吨以下的	2019年	家具制造工业
十、造纸和纸制品业22					
20	纸浆制造221	以植物或者废纸为原料的纸浆生产	—	2017年6月	制浆造纸工业
21	造纸222	用纸浆或者矿渣棉、云母、石棉等其他原料悬浮在流体中的纤维，经过造纸机或者其他设备成型，或者手工操作而成的纸及纸板的制造（包括机制纸及纸板制造、手工纸制造、加工纸制造）	—	2017年6月	
22	纸制品制造223	—	有工业废水、废气排放的纸制品制造企业	纳入2015年环境统计范围内的2017年6月实施，未纳入2015年环境统计范围但有工业废水直接或者间接排放的2020年实施	
十一、印刷和记录媒介复制业23					
23	印刷231	使用溶剂型油墨或者使用涂料年用量80吨及以上，或者使用溶剂型稀释剂10吨及以上的包装装潢印刷	—	2020年	印刷工业

序号	行业类别	实施重点管理的行业	实施简化管理的行业	实施时限	适用排污许可行业技术规范
十二、石油、煤炭及其他燃料加工业25					
24	精炼石油产品制造251	原油加工及石油制品制造、人造原油制造	—	京津冀鲁、长三角、珠三角区域2017年，其他2018年	石化工业
25	基础化学原料制造261	以石油馏分、天然气等为原料，生产有机化学品、合成树脂、合成纤维、合成橡胶等的工业	—	乙烯、芳烃生产2017年，其他2020年	
26	炼焦2521	生产焦炭、半焦产品为主的煤炭加工行业	—	焦炭2017年，其他2020年	炼焦化学工业
27	煤炭加工252	煤制天然气、合成气、煤炭提质、煤制油、煤制甲醇、煤制烯烃等其他煤炭加工	—	2020年	现代煤化工工业
十三、化学原料和化学制品制造业26					
28	基础化学原料制造261	无机酸制造、无机碱制造、无机盐制造，以上均不含单纯混合或者分装的	烧碱制造、单纯混合或者分装的无机碱制造、无机盐制造、无机酸制造	总磷控制区域的无机磷化工2019年，其他2020年	无机化学工业
29	聚氯乙烯	聚氯乙烯	—	2019年	聚氯乙烯工业
30	肥料制造262	化学肥料制造（不含单纯混合或者分装的）	生产有机肥料、微生物肥料、钾肥的企业（不含其他生产经营者），单纯混合或者分装的化学肥料	氮肥（合成氨）2017年，磷肥2019年，其他肥料制造2020年	化肥工业
31	农药制造263	化学农药制造（包含农药中间体）、生物化学农药及微生物农药制造，以上均不含单纯混合或者分装的	单纯混合或者分装的	生物化学农药及微生物农药制造2020年，其他2017年	农药制造工业

序号	行业类别	实施重点管理的行业	实施简化管理的行业	实施时限	适用排污许可行业技术规范
32	涂料、油墨、颜料及类似产品制造 264	涂料、染料、油墨、颜料、胶黏剂及类似产品制造，以上均不含单纯混合或者分装的	—	2020 年	涂料油墨工业
33	合成材料制造 265	初级塑料或者原状塑料的生产、合成橡胶制造、合成纤维单（聚合）体制造、陶瓷纤维等特种纤维及其增强的复合材料的制造等	—	长三角 2018 年，其他 2020 年	石化工业
34	专用化学产品制造 266	化学试剂和助剂制造，水处理化学品、造纸化学品、皮革化学品、油脂化学品、油田化学品、生物工程化学品、日化产品专用化学品等专项化学用品制造，林产化学产品制造，信息化学品制造，环境污染处理专用药剂材料制造，动物胶制造等，以上均不含单纯混合或者分装的	—	2020 年	专用化学产品制造
35	日用化学产品制造 268	肥皂及洗涤剂制造、化妆品制造、口腔清洁用品制造、香料香精制造等，以上均不含单纯混合或者分装的	—	2020 年	日用化学产品制造工业
十四、医药制造业 27					
36	化学药品原料药制造 271	进一步加工化学药品制剂所需的原料药的生产，主要用于药物生产的医药中间体的生产	—	主要用于药物生产的医药中间体 2020 年，其他 2017 年	制药工业
37	化学药品制剂制造 272	化学药品制剂制造、化学药品研发外包	—	2020 年	
38	中成药生产 274	—	有提炼工艺的中成药生产	2020 年	
39	兽用药品制造 275	兽用药品制造、兽用药品研发外包	—	2020 年	
40	生物药品制品制造 276	利用生物技术生产生物化学药品、基因工程药物的制造，生物药品研发外包	—	2020 年	

序号	行业类别	实施重点管理的行业	实施简化管理的行业	实施时限	适用排污许可行业技术规范
41	卫生材料及医药用品制造277	—	卫生材料、外科敷料、药品包装材料、辅料以及其他内、外科用医药制品的制造	2020年	卫生材料及医药用品制造工业
十五、化学纤维制造业28					
42	纤维素纤维原料及纤维制造281，合成纤维制造282，非织造布制造1781	纤维素纤维原料及纤维制造、合成纤维制造、非织造布制造	—	2020年	化学纤维制造工业
43	溶解木浆	用于生产黏胶纤维、硝化纤维、醋酸纤维、玻璃纸、羧甲基纤维素等	—	2020年	制浆造纸工业
十六、橡胶和塑料制品业29					
44	橡胶制品业291	橡胶制品制造	—	2020年	橡胶制品工业
45	塑料制品业292	人造革、发泡胶等涉及有毒原材料的，以再生塑料为原料的，有电镀工艺的塑料制品制造	其他	2020年	塑料制品工业
十七、非金属矿物制品业30					
46	水泥、石灰和石膏制造301	水泥（熟料）制造	石灰制造、水泥粉磨站	石灰制造2020年，其他2017年	水泥工业
47	玻璃制造304	平板玻璃	其他	平板玻璃制造2017年，其他2020年	
48	玻璃制品制造305	—	以煤、油和天然气为燃料加热的玻璃制品制造	2020年	玻璃工业
49	玻璃纤维和玻璃纤维增强塑料制品制造306	—	玻璃纤维制造、玻璃纤维增强塑料制品制造	2020年	

序号	行业类别	实施重点管理的行业	实施简化管理的行业	实施时限	适用排污许可行业技术规范
50	砖瓦、石材等建筑材料制造 303	以煤为基础燃料的建筑陶瓷企业	其他	2020年	陶瓷砖瓦工业
51	陶瓷制品制造 307	年产卫生陶瓷150万件及以上、年产日用陶瓷250万件及以上	—	2018年	
52	耐火材料制品制造 308	石棉制品制造	其他	2020年	
53	石墨及其他非金属矿物制品制造 309	含焙烧石墨、碳素制品，多晶硅	其他	2020年	石墨及碳素制品制造业
十八、黑色金属冶炼和压延加工业 31					
54	炼铁 311	含炼铁、烧结、球团等工序的生产	—	京津冀及周边“2+26”城市、长三角、珠三角区域2017年，其他2018年	钢铁工业
55	炼钢 312	含炼钢等工序的生产	—	京津冀及周边“2+26”城市、长三角、珠三角区域2017年，其他2018年	
56	钢压延加工 313	年产50万吨及以上的冷轧	其他	京津冀及周边“2+26”城市、长三角、珠三角区域2017年，其他2018年	
57	铁合金冶炼 314	铁合金冶炼、金属铬和金属锰的冶炼	—	2020年	
十九、有色金属冶炼和压延加工业 32					
58	常用有色金属冶炼 321	铜、铅锌、镍钴、锡、锑、铝、镁、汞、钛等常用有色金属冶炼（含再生铜、再生铝和再生铅冶炼）	—	铜、铅锌冶炼以及京津冀、长三角、珠三角区域的电解铝2017年，其他2018年	有色金属工业
59	贵金属冶炼 322	金、银及铂族金属冶炼（包括以矿石为原料）	—	2020年	

序号	行业类别	实施重点管理的行业	实施简化管理的行业	实施时限	适用排污许可行业技术规范
60	有色金属合金制造324	以有色金属为基体，加入一种或者几种其他元素所构成的合金生产	—	2020年	有色金属工业
61	有色金属铸造3392	以有色金属及其合金铸造各种成品、半成品，且年产10万吨及以上	年产10万吨以下	2020年	
62	有色金属压延加工325	—	有色金属压延加工	2020年	
63	稀有稀土金属冶炼323	稀有稀土金属冶炼，不包括钍和铀等放射性金属的冶炼加工	—	2020年	稀土行业
二十、金属制品业33					
64	金属表面处理及热处理加工336	有电镀、电铸、电解加工、刷镀、化学镀、热浸镀（溶剂法）以及金属酸洗、抛光（电解抛光和化学抛光）、氧化、磷化、钝化等任一工序的，专门处理电镀废水的集中处理设施，使用有机涂层的（不含喷粉和喷塑）	其他	专业电镀企业（含电镀园区中电镀企业），专门处理电镀废水的集中处理设施2017年，其他2020年	电镀工业
65	黑色金属铸造3391	年产10万吨及以上的铸铁件、铸钢件等各种成品、半成品的制造	年产10万吨以下的	2020年	黑色金属铸造工业
二十一、汽车制造业36					
66	汽车制造361—367	汽车整车制造，发动机生产，有电镀工艺或者有喷漆工艺且年用油性漆（含稀释剂）量10吨及以上的零部件和配件生产	改装汽车制造、低速载货汽车制造，电车制造，汽车车身、挂车制造及有喷漆工艺且年用油性漆（含稀释剂）量10吨以下的零部件和配件生产	2019年	汽车制造行业
二十二、铁路、船舶、航空航天和其他运输设备制造37					
67	铁路、船舶、航空航天和其他运输设备制造371—379	有电镀工艺或者有喷漆工艺且年用油性漆（含稀释剂）量10吨及以上的铁路、船舶、航空航天和其他运输设备制造，拆船、修船厂	其他	2020年	铁路、船舶、航空航天制造行业

序号	行业类别	实施重点管理的行业	实施简化管理的行业	实施时限	适用排污许可行业技术规范
二十三、电气机械和器材制造业 38					
68	电池制造 384	铅酸蓄电池制造	其他	2019年	电池工业
二十四、计算机、通信和其他电子设备制造业 39					
69	计算机制造 391，电子器件制造 397，电子元件及电子专用材料制造 398，其他电子设备制造 399	有电镀工艺或者有喷漆工艺且年用油性漆（含稀释剂）量 10 吨及以上的	其他电子玻璃、电子专用材料、电子元件、印制电路板、半导体器件、显示器件及光电子器件、电子终端产品制造等	京津冀、长三角、珠三角区域 2019 年，其他 2020 年	电子工业
二十五、废弃资源综合利用业 42					
70	金属废料和碎屑加工处理 421，非金属废料和碎屑加工处理 422	废电子电器产品、废电池、废汽车、废电机、废五金、废塑料（除分拣清洗工艺的）、废油、废船、废轮胎等加工、再生利用	其他	2019年	废弃资源加工工业
二十六、电力、热力生产和供应业 44					
71	电力生产 441	除以生活垃圾、危险废物、污泥为燃料发电以外的火力发电（含自备电厂所在企业）	—	自备电厂 2017 年，其他 2017 年 6 月	火电工业
		以生活垃圾、危险废物、污泥为燃料的火力发电	—	2019年	
二十七、水的生产和供应业 46					
72	污水处理及其再生利用 462	工业废水集中处理厂，日处理 10 万吨及以上的城镇生活污水处理厂	日处理 10 万吨以下的城镇生活污水处理厂	2019年	水处理
二十八、生态保护和环境治理业 77					
73	环境治理业 772	一般工业固体废物填埋，危险废物处理处置	—	2019年	—
二十九、公共设施管理业 78					
74	环境卫生管理 782	城乡生活垃圾集中处置	—	2020年	—
三十、机动车、电子产品和日用品修理业 81					
75	汽车、摩托车等修理与维护 811	—	营业面积 5 000 平方米及以上的	2020年	汽车、摩托车修理业

序号	行业类别	实施重点管理的行业	实施简化管理的行业	实施时限	适用排污许可行业技术规范
三十一、卫生 84					
76	医院 841	床位 100 张及以上的综合医院、中医医院、中西医结合医院、民族医院、专科医院（以上均不包括社区医疗、街道和乡镇卫生院、门诊部以及仅开展保健活动的妇幼保健院），疾病预防控制中心	床位 20 张至 100 张的综合医院、中医医院、中西医结合医院、民族医院、专科医院（以上均不包括社区医疗、街道和乡镇卫生院、门诊部以及仅开展保健活动的妇幼保健院）	2020 年	医疗机构
三十二、其他行业					
77	油库、加油站	总容量 20 万立方米及以上的	—	2020 年	—
78	干散货（含煤炭、矿石）、件杂、多用途、通用码头	单个泊位 1 000 吨级及以上的内河港口、单个泊位 1 万吨级及以上的沿海港口	—	2020 年	—
三十三、通用工序					
79	热力生产和供应 443	单台出力 10吨/小时及以上或者合计出力 20吨/小时及以上的蒸汽和热水锅炉的热力生产	单台出力 10 吨/小时以下或者合计出力 20吨/小时以下的蒸汽和热水锅炉	2019 年	锅炉工业
80	工业炉窑	工业炉窑	—	2020 年	工业炉窑
81	电镀设施	有电镀、电铸、电解加工、刷镀、化学镀、热浸镀（溶剂法）以及金属酸洗、抛光（电解抛光和化学抛光）、氧化、磷化、钝化等任一工序的	—	2019 年	电镀工业
82	生活污水集中处理、工业废水集中处理	接纳工业废水的日处理 2 万吨及以上的生活污水集中处理、工业废水集中处理	—	2019 年	水处理